Das internationale Buch der Scania Freunde Edition 1

Text & Fotos
Felix Jacoby

Gestaltung & Satz
Bruno Kolberg, Viet Hoa Le
www.sueperdesign.com
www.hij-studio.com

Druck
Schmidt & Buchta, Helmbrechts

Übersetzung
Dieser Bildband ist verfügbar in deutscher und englischer Sprache, Danke für die kompetente und prompte Umsetzung des Projekts an ACT Fachübersetzungen aus Mönchengladbach.

FD Verlag Helmbrechts
Wir, Felix Jacoby, freier Journalist, Dr. Martin Robisch, Steuerberater, und Heiko Lages, Kaufmann für Bioprodukte, von links nach rechts, haben dieses Unternehmen 2016 gemeinsam gegründet, um schöne Bücher zu produzieren und zu vertreiben.

Richard-Wagner-Str. 6
95233 Helmbrechts

www.fd verlag.media
www.scania-freunde.de
www.scania friends.com

PRINT MEDIEN
VERLAGS GMBH
HELMBRECHTS

1. Auflage 2016

ISBN 978-3-9818420-0-5

Früher erschienene Scaniabücher teilweise noch erhältlich:
www.wieland-verlag.com

SCANIA
S730
THE NEXT GENERATION SCANIA

Herzlichen Glückwunsch, Scania!

125 JAHRE RUHMREICHE FIRMENGESCHICHTE und zur Krönung dieses Jubiläums gleich die Präsentation einer vollständig neuen Generation, dazu kann man Scania und allen Mitarbeitern im Jahr 2016 nur herzlich gratulieren! Was war das vorab für eine Aufregung unter den Freunden und Fans der Marke, was wurde über die Nachfolger spekuliert. Endlich ist der Neue enthüllt, und er scheint den Charakter zu haben, die Erfolgsgeschichte des Lastwagenherstellers mit dem Greif im Firmensymbol nachhaltig fortzuschreiben.

Um das Projekt meiner Scania Bücher war es zuletzt etwas ruhig geworden, jetzt geht es nach einer Pause mit neuem Titel und veränderter Organisation weiter. Mit zwei Freunden haben wir einen kleinen Verlag in unserer oberfränkischen Heimat gegründet, der für ein so spezielles Buchprojekt organisatorische Vorzüge hat. Aber ich möchte mich an dieser Stelle unbedingt bei Hans Joachim Wieland bedanken, ohne dessen unternehmerischen Mut es weder die ersten neun Ausgaben (Scania Jahrbücher und Scania Trucks) in seinem Verlag noch damit dieses Werk hier geben würde.

Das Herausfordernde an so einer Reihe von Bildbänden ist der Umstand, dass kein Buch schwächer als das vorhergehende sein darf. Aus diesem Grund habe ich mich entschieden, die einzelnen Berichte noch kürzer als bei den Vorgängern zu machen und dafür die Zahl der Geschichten deutlich zu erhöhen. Und selbst dann reicht die Zahl von Themen, die sich dafür empfehlen, weit über das machbare Maß hinaus, weswegen ich all Denjenigen mein ehrliches Bedauern ausdrücken möchte, die es vielleicht auch verdient hätten, hier mit einer eigenen Geschichte gewürdigt zu werden.

Natürlich ist es vordergründig ein Buch über Lastwagen, aber einmal mehr haben mich die vielen Persönlichkeiten beeindruckt, mit denen ich bei der Produktion der Berichte zu tun hatte. Es ist ein besonderer Schlag Menschen, für die das Arbeiten keine Strafe des Schicksals ist, sondern eine Herausforderung, der sie sich mit positiver Energie stellen. Und dabei hilft ihnen ihre Begeisterung für ihre Scanias, die eben nicht nur gewöhnliche Gebrauchsgegenstände, sondern Werkzeuge von hoher Perfektion und Feinheit sind.

Ganz unterschiedlich sind die Gründe, sich für Lastwagen mit dem Greif im Symbol zu begeistern. Für die einen zählen Fakten wie höchste Zugkraft, perfekte Bedienung oder hoher Wiederkaufswert, für die anderen ist es eine emotionale Bindung zu einer wahrhaft einzigartigen Marke. Mich hat ein alter, aber wilder 141er, den ich 1983 fahren durfte, mit der Scania-Begeisterung angesteckt. Manchmal reicht die Verbindung zur Marke auch auf kindliche Begegnungen zurück, wie das herrliche Bild meiner lieben Freundin Carina zeigt, vor über 20 Jahren aufgenommen.

Danke an all die freundlichen und hilfsbereiten Menschen, die, die mich bei der Produktion des Buchs unterstützt haben, und an all die, die es aus Freude an Scania kaufen! Dank gebührt auch unseren hervorragenden Grafikern Hau und Bruno aus Berlin und unserer lokalen Druckerei Schmidt & Buchta aus Helmbrechts, die sich mit besonderen Engagement um diesen Druckauftrag gekümmert hat. Es war mir als Verfasser einmal mehr ein außerordentliches Vergnügen!

INHALT

6

128

Spezial

Nächste Generation 6

A

Österreich

Strahlender Hauber 26

Bergige Anfahrt 78

Starke Kranhübe 98

Prächtiges Sizilien 128

CH

Schweiz

Gemeinsame Freude 14

Feiner Fünfachser 44

Treuer Schwedenfan 116

D

Deutschland

Fleißiges Putzen 70

Gesparter Diesel 84

Stolzer Veteran 104

DK

Dänemark

Edler Steinzug 90

GB

Groß Britannien

Buntes Festival 38

GR

Griechenland

Gepflegte Technik 64

INHALT

I

Italien

Fröhliche Fahrerin 32

N

Norwegen

Kluge Technik 20

NL

Niederlande

Alte Versammlung 50

Schwerer Kipper 122

Harter Arbeiter 134

S

Schweden

Edle Maschinen 58

Neues Leben 90

Prächtige Show 140

Extras

Galerie 156

Der nächste große Schritt in die Zukunft des Lastwagens

Lange war die Spannung angestiegen, bis es endlich soweit war: Mit einer neu konstruierten Generation von Lastwagen stellt sich **SCANIA** der Zukunft. Nach vielen Jahren verborgener Entwicklung und Investitionen von über zwei Milliarden Euro rollt der „Neue" endlich auf die Straßen.

Extra für die Präsentation der „Next Generation" hat Scania eine kleine Ausstellungshalle in Södertälje errichtet, um Presse, Kunden und Freunde der Marke mit dem Produkt vertraut zu machen. Durch ein Labyrinth der Generationen gelangt man in die Gegenwart, wo der neue Scania wie ein Denkmal, mit Nebel und Licht inszeniert, auf einem Sockel steht. Erik Ljungberg, Leiter der Öffentlichkeitsarbeit, heißt die internationale Journalistenschaft willkommen.

SCANIA
S730

Die feierliche Erstvorstellung war zuvor schon in Paris, doch auf dem Boden des Herstellers fühlt man sich dem neuen Modell und dem Stolz seiner Erschaffer noch deutlich näher. In einer bemerkenswert stilvollen Klarheit, eher etwas kühl wirkend, präsentiert sich der erste optische Eindruck des neuen Designs. Maximal nutzt die Kabine ihre gesetzlichen Größenbeschränkungen aus, was sie sehr geometrisch scheinen lässt. Gewisse Stilele-

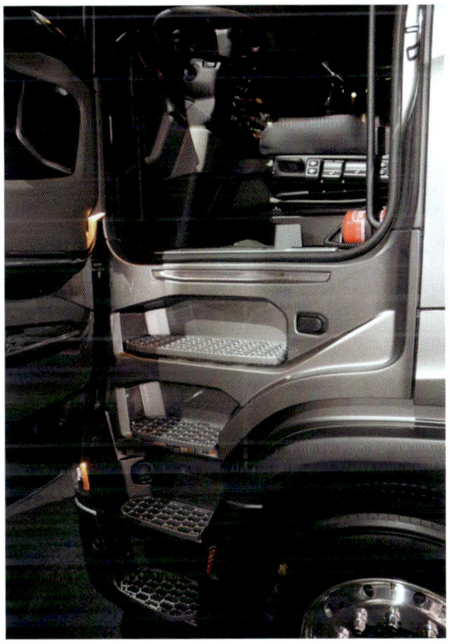

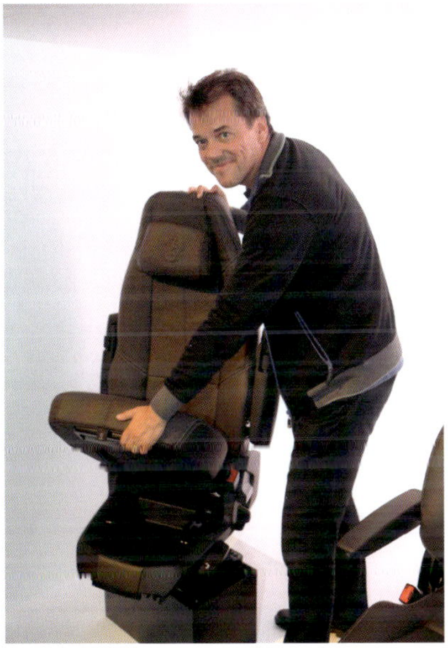

Scania Sprecher Erik Ljungberg begrüßt die Gäste, Kabinenentwickler Stefan Hellström ist stolz auf viele neue Details.

mente repräsentieren die klassischen Gene von Scania, andere sind gnadenlos modern.

Die Welt des Straßentransports befindet sich immer mehr in einer dramatischen Umbruchphase, noch viel weiter hin zum digitalen Zeitalter. Selbst Scania zeigt anlässlich der Vorstellung einen Zukunftsfilm, in dem führerlose Module auf Induktionstrassen das Transportieren und Droh-

Die nächste Generation trägt glatteres Karosserieblech, um dem Fahrtwind noch weniger Widerstand entgegen zu bringen.

nen durch die Luft das Ausliefern übernehmen. Viele reden aufgeregt über autonomes Fahren, in deutschen Leitmedien wird gerade die Frage diskutiert, ob es „dank" automatisierten Transports ab etwa 2030 Millionen von arbeitslosen Kraftfahrern in Europa gibt.

Auf der anderen Seite lebt die Scania Gemeinde, wenn man all die Freunde der Marke als solche bezeichnen darf, auch immer in einer verständlichen Vergangenheits-Verherrlichung. In der durfte ein 3er Scania noch frech seine frei stehende Sonnenblende in den Wind recken, auch wenn das messbaren Mehrverbrauch bedeutete. Allein der Verzicht auf dieses Fahrzeugteil beim Neuen löste kritische Diskussionen über die Formgebung aus.

Der „Neue“ bietet Optionen wie Drehsitz oder integrierte Standklimaanlage. Modern sind die Armaturen und die Leuchten.

In dem Spannungsfeld zwischen traditioneller Markenkultur und zukunftsweisender Modernität aber musste Scania einen Lastwagen entwickeln, der seine Betreiber mit minimalen Betriebskosten belastet und seinen Fahrern ein maximal effektives und ansprechendes Arbeitsumfeld bietet. Und dieses Modell muss auch noch in Jahren zeitgemäß dastehen. Man kann die Menschen verstehen, die durch die immer schnelleren und dramatischen Veränderungen der Transportwelt verunsichert sind und sich deswegen in der Nostalgie sehr wohl fühlen.

Aber Scania musste sich den Herausforderungen der Zukunft stellen, heraus gekommen sind zunächst die vollkommen neu konstruierten Baureihen R und S. Glaubt man den Beteuerungen des Herstellers, wird in den nächsten Jahren aber noch eine ganze Reihe an Neuerscheinungen, von Fahrzeugen und Zubehör, vorgestellt werden. Aber allein schon mit all den aktuellen Neuerungen kann man bei der neuen Generation von einer echten Zeitenwende reden. Als altgedienter Scania Freund das erste Mal die nächste Evolutionsstufe fahren zu dürfen, ist ein besonderes Erlebnis. Zumal wenn es sich um das Topmodell, den S730, in der schwedischen Version mit 25 Metern Länge und etwas

über 60 Tonnen Gesamtgewicht handelt. Von außen fallen die hochmodernen Leuchteinheiten auf, in denen Tagfahrlicht und Blinker mit LED-Leisten integriert sind.

Der Testwagen hat auch das Abblendlicht in LED-Technik, eine sehenswerte Verbesserung. Wahlweise gibt es auch Fernlichtpaare über dem Grill oder im Hochdach. Über Geschmack kann man diskutieren, doch Scania verspricht durch die aerodynamischen Optimierungen, im Verbund mit motorischen Verbesserungen, drastische Verbrauchsreduzierungen von bis zu fünf Prozent. Die Lebenszyklus-Kosten eines Langstreckenlasters zählen heutzutage einfach mehr als alles andere.

Noch wichtiger aber als der Anblick von außen ist das Innere der Kabine, beim Modell S mit hoher Kabine und ebenem Boden über vier Stufen zu erklimmen. In diesem Fahrzeug ist alles verbaut, was gut und schön ist: Feine Ledersitze, der rechte drehbar, Fernseher, großes Display für Navi und Kamera, edles Lenkrad, ein starkes Klangsystem mit Subwoofern und Centerspeaker, sowie als besonderer Leckerbissen eine Standklimaanlage mit Kompressor unter der Kabine, so dass die Dachluke als Frischluftquelle erhalten bleibt.

Beim Fahren beeindruckt die in ihrer Schaltzeit verkürzte Getriebeautomatik, die dank aufwandiger Isolierung noch größere Ruhe drinnen, das dank einer superlang übersetzten Achse nochmals gesenkte Drehzahlniveau und das nach den Wünschen des Fahrers konfigurierbare Kombiinstrument. Auch das Vorankommen ist so komfortabel wie noch nie, Vorderachse und Chauffeur sitzen ein Stück weiter vorne, das bringt noch mehr Ruhe ins Fahrwerk. Und wem der „Neue" so noch zu glatt ist, wird ihn sich auch im traditionellen Lasterstil herrichten können. Erste virtuelle Entwürfe, im Internet kursierend, schauen da schon einmal sehr vielversprechend aus... ●

Die Serie 3 bringt neue Freunde zusammen

Die Lastwagen der Vergangenheit sind ein Teil der technischen Geschichte. Es wäre zu schade, wenn man nicht noch in Jahrzehnten sehen könnte, mit was die Chauffeure früher zu tun hatten. Besonderer Beliebtheit erfreut sich dabei die **SERIE 3**, wie das Beispiel dreier junger Scania Freunde zeigt.

Als die Serie 3 aktuell war, betrachteten Stefan Gerrits, Ewald Oeschger und Flavio Lienhard die Welt noch aus ihrer jugendlichen Perspektive. Speziell dieser Charaktertyp aus Södertälje erfreut viele Scania Freunde, sie verkörpert noch Erinnerungen an eine glückliche Zeit im Straßengüterverkehr. In der gab es noch viele weite und gut bezahlte Touren, und ein Lastwagen durfte noch wie ein Lastwagen klingen. Kein Wunder, dass der charakteristische Dreier als Denkmal dieser seligen Zeit gilt.

Für Fernfahrer Stefan Gerrits, der aus Wijchen in den Niederlanden stammt, ist das Thema Scania

irgendwie auch sehr persönlich. Mit seinem Vater Peter und Bruder Hans, die eine eigene Spedition betreiben, hat er einen 143er restauriert, wie er früher im Betrieb der Familie gelaufen war. Dann kam vor einigen Jahren eine Delegation Schweizer Scaniafreunde zu Besuch bei den Gerrits, darunter die Chauffeurin Claudia Vögele. Aus Kennenlernen wurde Liebe, und vor fünf Jahren zog er zu ihr ins schweizerische Bachs. Aber der 3er Scania verbindet die Familie ganz eng.

Das Originalfahrzeug der Gerrits war verschwunden. Aber es gab einen sehr ähnlichen 143/420 Streamline, Baujahr 96, dessen letzter

Jeder der drei Sattelschlepper verkörpert den eigenen Stil der Besitzer, die halten ihre Maschinen in perfektem Zustand.

Die Partnerinnen teilen das schöne Hobby mit den Scania Freunden, gemeinsam geht es auf Ausflüge und Urlaubsfahrten.

Chauffeur ihn über 1,4 Millionen super gepflegt hatte. Den kauften die Gerrits und zerlegten ihn bis auf die letzte Schraube, das gesamte Chassis wurde sandgestrahlt. Komplett erneuert wurden durch aufwändige Revisionen alle Verschleißteile vom Motor bis zur Hinterachse. Erst dann ging es wieder ans Zusammensetzen.

Nach drei Jahren gründlicher Rekonstruktion besteht der Verdacht, ohne die Arbeit der damaligen Scaniawerker schmälern zu wollen, dass sich der Dreier heute noch in einem perfekteren Zustand als damals nach seinem Stapellauf befindet. So sind zum Beispiel die Fugen der Rahmenkonstruktion mit extra Silikonstreifen gegen Rostfraß

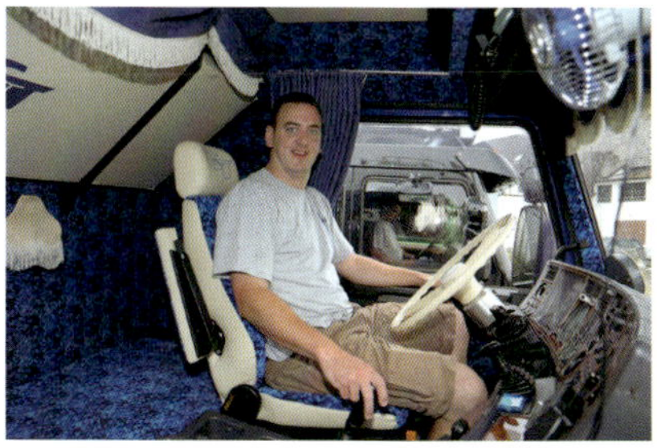

Stefan Gerrits hat den Schlepper zusammen mit Vater und Bruder von Grund auf restauriert und dazu gleich konserviert.

Flavio Lienhard fuhr als Kind beim Vater mit, hinterher waren plötzlich lauter Scaniaskizzen in seine Schulhefte gemalt.

Ewald Oeschger musste seinen Schlepper nicht restaurieren, schon die Vorbesitzer haben ihn immer gründlich gepflegt.

geschützt. Als Ergänzung hat der Schlepper jetzt noch einen Einachsauflieger bekommen, der früher Lebensmitteltransporte fuhr und von Stefan und Claudia zum feinen Wohnmobil umgebaut wurde. Noch praktisch in seinem Originalzustand befindet sich der 143/450 Topline, Baujahr 91, von Ewald Oeschger aus Boswil, Fernfahrer und Lastwagenmechaniker. Nur einige Kabinen-Innenteile wurden erneuert. Seit 25 Jahren haben ihn seine jeweiligen Besitzer so gepflegt, dass er nicht nach einer Restaurierung verlangt. Ewalds Vater war Transportunternehmer mit Bedford und Saurer, seine Onkels sind Scanias bei Firma Zingg in Hedingen gefahren.

> ***Die Gastfreundschaft der dänischen Scania Freunde ist enorm, sie haben ihren Gästen einen herrlichen Urlaub verschafft.***

Aus Respekt vor seinem Vater ist der Leuchtkasten des Scanias mit dessen früherem Firmenlogo dekoriert. Die Zugmaschine ist zu seinem schönsten Hobby geworden, gemeinsam mit seiner Partnerin Marianne Dörig genießt er die Ausfahrten damit. Und wie seine beiden Scaniafreunde hat er dafür gesorgt, dass so ein Prachtstück nicht unter freiem Himmel übernachten muss. Ewald hat dafür extra einen Anbau ans Haus gesetzt und kann vom Wohnzimmer aus sogar hinein schauen.

Eher ungewöhnlich in der Schweiz, aber von den Proportionen einfach herrlich ist der Dreiachser 143/420 Streamline, Baujahr 96, von Flavio Lienhard aus Bözberg. Der Lastwagenmechaniker hat sich schon als Junge für den 113er seines Vater

Pünktlich zur Dänemarkreise hat Stefan Gerrits noch einen Einachs-Auflieger zum gemütlichen Wohnmobil umgebaut.

begeistert. Sein Sattelschlepper lief mal in Dänemark unter dem schönen Namen „Falcon Freightline", später wurde er in Holland eingesetzt und umlackiert. Zweieinhalb Jahre stetiger Wochenendarbeit waren nötig, um das Fahrzeug für die strenge schweizerische Zulassung fit zu machen, doch jetzt genießen er und seine Freundin Cornelia Kuhn die gemeinsamen Ausfahrten und Reisen mit den Freunden. Zuletzt ging es sogar miteinander in den Urlaub, hinauf nach Dänemark zu dortigen Scania Freunden – das Thema verbindet einfach Menschen miteinander! ●

Nordische Lastzüge sind bei winterlichen Bedingungen ideal

Die Norweger sind in der glücklichen Lage, die Technik ihrer Lastwagen nach ihren eigenen Gegebenheiten festlegen zu können. Wegen der dünnen Besiedlung werden hier auch im Baustellen-Kipperverkehr oft längere Strecken gefahren, Transporteur **ODDBJØRN OBBA LØLAND** aus **SOLA** hat dafür die passenden Scanias.

Es ist ein frostiger Januartag, als ich die beiden markant orangefarbenen Baustellenkipper und ihre Chauffeure an ihrem Standort in der Nähe des Güterbahnhofs von Stavanger an der westnorwegischen Küste treffe. Gerade heute ist das erste Mal nach arbeitsintensiven Wochen ein freier Tag in Sicht, und plötzlich interessiert sich jemand für ihre Maschinen. Bereitwillig opfern sie den freien Vormittag und fahren mit mir zum Fotografieren in ein riesiges Kieswerk.

LØLAND
OBBA
RK 91160
LØLAND

Die Besonderheit der Fahrzeuge hat mit der Lage des Unternehmens an der westnorwegischen Küste zu tun. Wo im Winter warme Seewinde mit eisiger Kontinentalluft zusammentreffen, wofür die Gegend hier berüchtigt ist, gibt es oft gewaltige Mengen an Schnee oder Zentimeter dicke Eiskrusten auf den Fahrbahnen. Und das gilt für viele Monate jährlich. Lastwagen nach mitteleuropäischer Konstruktionsweise sind mit solchen Gegebenheiten schnell überfordert.

Eine weitere Besonderheit des Landes ist der Umstand, dass es zu wesentlichen Teilen aus riesigen Felsformationen und steinigem Untergrund besteht. Das macht selbst den Bau einer kleinen Straße oder das Ausheben einer Baugrube zu einem aufwändigen Vorhaben. Da käme man mit Vierzigtonnern nicht weit, deswegen sind in Norwegen zehn Tonnen mehr erlaubt. Generell üblich hier sind Lastzüge mit sechs Achsen, das verteilt das Gewicht besser auf den Straßen.

Terje Nordmark fährt einen R560 als Sattelzug, der Schlepper hat zwei angetriebene Achsen und einen langen Radstand, das ist eine Art nordischer Kombination, mit der man aber auch unter winterlichen Straßenbedingungen nicht ständig die Schneeketten auflegen muss. Noch raffinierter ist ein weiterer Trick: Das Dreiachsfahrwerk des Aufliegers ist gegenüber dem Rahmen um rund eineinhalb Meter verschiebbar. Zum Kippen wird der Lastzug zusammen geschoben, zum Fahren auseinander gezogen. Das gibt schönen Druck auf den Traktionsrädern.

Nicht weniger clever ist der Lastwagen von Oddbjørn Obba Løland. Der Motorwagen kommt wie ein klassischer Dreiachskipper in 6×4 Konfiguration daher, wobei er trotz einer Zulassung auf 30 Tonnen bemerkenswert kurz ist. Oddbjørn kann seinen Scania R580 bei Bedarf auch zu einer Sattelzugmaschine umfunktionieren, das dauert nicht einmal eine Stunde. Oft wollen die Kunden an einem Tag Felsen wegschaffen und am nächsten schwere Baumaschinen mit Tiefladern versetzen.

Oddbjørn Obba Løland beherrscht den Trick, den Motorwagen abzukippen, ohne den Anhänger dafür abzukuppeln.

Der Auflieger hat verschiebbare Achsen, um damit bei glatten Straßen mehr Traktion auf die Straße zu bringen.

> ***Die beiden Scanias sind so konstruiert, dass sie unter winterlichen Straßenverhältnissen möglichst gut vorankommen.***

Ein technisches Edelstück ist auch der extrem kurz bauende Dreiachsanhänger des Fahrzeugbauers Nor Slep aus Sandefjord, dessen Erscheinung mit kurzem Chassis und schier endloser Deichsel verblüfft. Fast vier Meter ist die Zuggabel lang, und wenn man wie Oddbjørn das Rückwärtsfahren beherrscht, ist damit ein ganz feiner Trick möglich. Man kann nämlich erst die Mulde des Anhängers leer kippen und dann in angehängtem Zustand um fast 180 Grad beiseite schieben, um das Gleiche mit der Mulde des Motorwagens zu tun.

Der erst im August 2015 in Betrieb genommene Dreiachser samt Anhänger besteht mit rund 22 Tonnen Leergewicht nicht aus Leichtbau-Komponenten, ebenso der Sattelzug. Das ist dem Umstand geschuldet, dass viele Transporte mit scharfkantigen und schweren Felsbrocken zu tun haben. Deswegen sind die halbrunden Lastbehälter aus schwerem Hardox-Stahl der Härteklasse 450 gebaut, um auch solchen Beanspruchungen zu widerstehen.

Terje Nordmark und sein Chef haben auch bei der Arbeit meist gute Laune, kein Wunder bei so schönen Arbeitsmitteln.

Gerade in Norwegen kann man auch viele Lastwagen aus mitteleuropäischer Herstellung sehen. Doch Oddbjørn möchte nichts anderes als seinen Scania fahren. Am Anfang war er wegen des automatisierten Getriebes pessimistisch, nun beeindruckt es ihn total. Doch jetzt freut er sich erstmal auf den Rest des freien Tages in seiner nahen Heimat Rogaland. Mit zwei größeren Töchtern und einem spät gekommenen Prinzen ist ihm auch da nie langweilig. ●

LØLAND
RK 82922

Die Begeisterung für Haubenwagen treibt herrliche Blüten

ARTUR STEININGER aus **KRIEGLACH** ist mit einem Altmetallhandel erfolgreich. Doch ihm geht es nicht nur um sein Geschäft, sondern auch um die Verwirklichung von Träumen. Seine Begeisterung für Scanias mit Nase hat nun nach langer Bauzeit einen ganz außergewöhnlichen Sattelschlepper geschaffen.

Je mehr die modernen Lastwagen einander ähnlicher werden, desto größer wird die Freude an den Charakternasen der Vergangenheit. Artur Steininger hat sich ein großes Unternehmen aufgebaut, das seinen Sitz in einem ehemaligen Rohrbiegewerk in der Obersteiermark hat. Eine 650 Tonnen schwere Schrottschere gibt eine Ahnung davon, in welchen Dimensionen Metalle aller Art hier ihrer Wiederverwertung zugeführt werden. Schwerer Stahl braucht zum Transport schwere Lastwagen. Und Artur begann dieses Geschäft mit einem Scania T143 mit Nase. „Das erste Fahrzeug, das Du selbst kaufst, prägt Dich, zumal wenn es sich bewährt hat. Also kam ein Haubenwagen nach dem anderen auf den Hof, hinter der Halle stehen sogar noch einige verschlissene Modelle, als Restaurierungsobjekt oder Teilespender."

2010 bekam Artur ein besonderes Angebot: Einen T144/530, der acht Jahre als Vorführfahrzeug für Holzkräne gedient hatte und deswegen erst rund 400 000 Kilometer auf dem Tacho hat. Dank bester Pflege der Vorbesitzer war die technische Substanz in gutem Zustand. Eigentlich war der Schlepper zum harten Arbeiten ein wenig zu schade, und Artur fing an zu grübeln, was man damit noch so anstellen könnte.

STEININGER
MZ 764 BR

Zum Thema Stahl gehört das Bild, wie ein Zug in eine Gußhalle fährt und flüssiges Metall mit Spezialwaggons ausgießt.

Viele Details der Lackierung sieht man erst auf den zweiten Blick, und die Rückseite ist ein Kunstwerk der Edelstahlverarbeitung.

Da kam ihm zu Ohren, dass es in der Steiermark einen überaus talentierten Airbrusher gibt. Arturs Tochter wollte da mal eine praktische Einführung ins Thema bekommen, und so rief der eine den anderen an. Ach ja, er hätte da auch noch eine Zugmaschine auf dem Hof, die eine Lackierung verdiene, sagte Artur bei dieser Gelegenheit. Das war der Ursprung eines recht ungewöhnlichen Projekts und für den Auftraggeber die Erfüllung eines Traums.

Bernhard Vetta bekam einen Riesenauftrag, Ideen zu entwickeln, dazu noch Berge von Bildern von Artur, was dem so gefiel, und hatte nun künstlerisch ziemlich freie Hand. Allerdings stand auch der Winter in einem nicht gerade heimeligen Arbeitsplatz bevor, einem Abteil einer Fabrikhalle, das mit Strahlern geheizt werden musste. „Vorne hatte ich kalte Finger, ein paar Mal ist mir die Farbe in der Sprühpistole vor Kälte zäh geworden. Hinten war dafür der Rücken schön heiß."

„Aber ich war jung und brauchte das Geld", scherzt Bernhard heutzutage. Immerhin hat er zuvor schon im Ruhrgebiet jahrelang Grafikdesign studiert. „Doch ich bin an der Sache künstlerisch gewachsen, wir haben viel diskutiert, manchen Entwurf wieder herunter geschliffen, bis von der Haube und dem Joker ausgehend, langsam ein komplettes Lackbild entstand." Da er weit entfernt wohnt, hat er sogar viele Nächte in dem alten Werk gehaust, nachts ein etwas skurriler Ort.

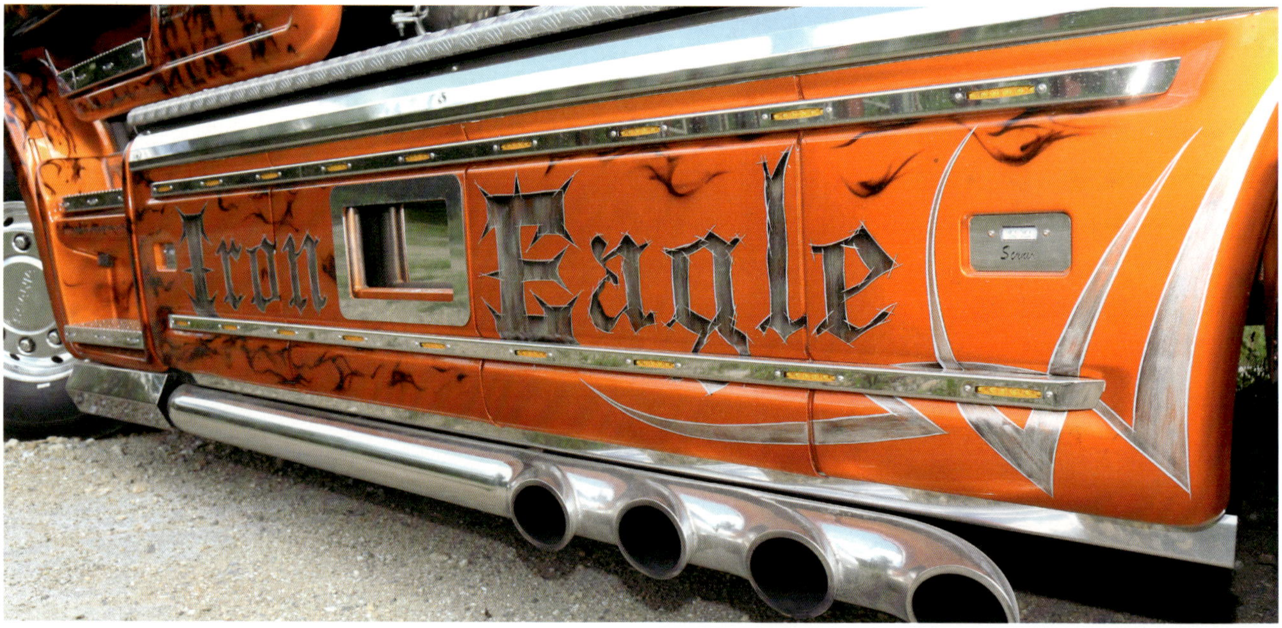

Der Hauber ist ein herrlich verrücktes Projekt, für seinen Besitzer ist es nicht weniger als die Erfüllung eines Traumes.

Den ersten Stahlbauer verließ die Kraft, Armin „Minski" Ofner hat sein Werk vollendet und mit eigenen Ideen ergänzt.

So wurden es fast unglaubliche vier Monate, bis die Arbeit mit mehreren Schichten Klarlack versiegelt war und Bernhard wieder in ein normales Leben zurückkehren konnte. Die Zeit mit Artur als Auftraggeber sowie den V8-Longline, den er später noch für Walter Fritz gemacht hat, sieht er rückblickend sehr zufrieden. Aber seine Erfahrungen mit anderen Leuten aus der Szene der Supertrucks haben ihn bewogen, keine Lastwagen mehr zu lackieren. Mittlerweile zählt er viele Spitzensportler zu seinen Auftraggebern, die sich von ihm Helme, Rennräder und allerlei anderes Gerät individuell verschönern lassen.

Nun kam ein Stahlbauer zum Zuge, der der Zugmaschine ganz eigenwillige Teile anfertigte. Eine ums Eck gehende Sonnenblende mit mehreren Knickfalzen oder ein hochgezogener Auspuff, der seine Abgase durch mehrere kleine Rohre bläst, sind ungewöhnliche Details. Doch dann wurde der Handwerker krank, das Projekt kam länger zum Stillstand. Fertiggestellt und mit einer unglaublich aufwändigen Edelstahlkonstruktion hinter der Rückwand und einer wilden Heckstoßstange komplettiert hat das Projekt schließlich Armin „Minski" Ofner aus Neumarkt, jetzt ist Arturs Traum auf das Schönste erfüllt. ●

STEININGER

Mit fröhlichem Gesang geht es viel leichter durch die Nacht

Die Liebe zum Laster hat **LISSY REITERER** aus **VILLANDERS** voll erwischt. Aber sie ist auch Mutter eines Sohnes, deswegen teilt sie sich dessen Erziehung mit dem Vater und mit ihren Eltern. So ist sie Beides: Vollblutmutter und Vollblutfahrerin. Um das koordiniert zu bekommen, braucht es viel Energie.

Bis heute staunen viele Menschen, übrigens nicht nur Männer, wenn eine junge Dame hinter dem Lenkrad eines schweren Lastwagens sitzt. Dabei beweist eine erfreulich wachsende Zahl starker Frauenpersönlichkeiten, dass auch sie für diesen Job tauglich sind. Ein gutes Beispiel dafür ist Lissy Reiterer, die für ihren Arbeitgeber Lechner Trans aus Mals im Vinschgau mit einem feinen R730 Kühlzug im europäischen Fernverkehr unterwegs ist. Wenn im Spätsommer in Südtirol die Apfelernte auf Hochtouren läuft, haben

Lechner
The Road Goes On
SCANIA
R730
CW 587NV
L'IDEALCAR
Lechner Trans

die einheimischen Transporteure mit Thermolasten Hochkonjunktur, unzählige Ladungen wollen über die Alpen nach Norden verfrachtet werden. Auch Lissy Reiterer ist am frühen Nachmittag mit dem Elektro-Hubwagen dabei, einen Auflieger mit Fruchtpaletten zu beladen.

Das Unternehmen liegt am südlichen Ende des Reschenpasses, der von hier in Richtung des österreichischen Bundeslandes Tirol führt. Lechner Trans hat so dank der geografischen Lage das Privileg, über diese Strecke fahren zu dürfen, während die Massen der Lastwagen im Italienverkehr die Brennerstrecke nutzen. Schnell erledigt die fröhliche junge Frau das Laden, dann schwingt sie sich auf den Fahrersitz der Pink Lady, wie sie ihre Maschine gerne nennt.

Lechner Trans setzt auf Termintreue und betreibt eine Logistik, bei der die Auflieger oft umgesattelt und weiter gegeben werden. Um jede Form

Hängende Schinken im Trailer sind nicht ganz einfach zu fahren, weil sie mitschwingen, trotzdem ist Lissy zügig unterwegs.

von unnötiger Verzögerung bei diesen Begegnungsverkehren zu vermeiden, sind 13 der 15 Zugmaschinen mit dem stärksten Motor von Scania ausgerüstet, dem 730er. Damit ist auch die teilweise steile Straße hoch zum Reschen schnell bewältigt.

Anschließend geht es hinunter ins Inntal und dann gleich nochmal in die Berge, diesmal über den Fernpass Richtung Bayern. Kurz vor der Grenze wartet schon ein Kollege zum Tausch der Auflieger, dann geht es mit hängendem Schinken wieder ein Stück Richtung Süden, zu einer Tankstelle in Prutz. Dort gibt es erst eine leckere Pizza und dann den nächsten Auflieger, den Firmenchef Dennis Lechner mit seinem edel gestalteten 4er Scania über den Reschen bringt.

Jetzt führt die Strecke wieder mit Äpfeln über den Fernpass, erst heißt das Fahrtziel Fulda, doch dann kommt der Kollege, mit dem sie erneut die

> ***Für die Südtirolerin gibt es keinen schöneren Job als die Fahrerei, zumal wenn man ihn mit einem Scania R730 macht.***

Trailer tauschen soll, sogar bis zum Autohof Ellwangen entgegen. Auf der A7 erzählt Lissy: „Im Moment sind Ferien, da ist mein Sohn mit Freude auf dem Bauernhof meiner Eltern, dann fahre ich die volle Zeit. Wenn die Schule wieder beginnt, arbeite ich nur die halbe Woche, meist Touren in Richtung Benelux."

Was an Lissy besonders auffällt, ist ihre unbändige Lebensfreude und Fröhlichkeit, herrlich gemischt mit ihrem urwüchsigen Südtiroler Dialekt. Das Fahren ist ihr Traumjob, einst angestif-

Unterwegs trifft sie ihren Chef Dennis zum Umsatteln oder zufällig Freund und Kollege Martin am Autohof Ellwangen.

Trotz ihres geliebten Jobs ist Lissy auch leidenschaftlich Mutter, deswegen arbeitet sie oft nur halbe Wochen.

tet von ihrem Ex-Partner, mittlerweile längst zur eigenen und persönlichen Leidenschaft geworden. Sie hat früher auch schon als Verkäuferin gearbeitet, doch mit der ihr eigenen Energie fühlte sie sich davon nicht ausgelastet.

Mithilfe von facebook stellt sich heraus, dass ein guter Freund, der Sizilienspezialist Martin Lindner, zufällig nur wenige Minuten hinter uns fährt, obwohl das sonst eher nicht seine Gegend ist. Das passt perfekt, erst sattelt Lissy einmal mehr mit einem Kollegen um, dann kommt es, morgens um halb vier, zu einem fröhlichen Kaffeetreffen am Autohof mit dem ebenfalls Scania begeisterten Steiermärker. Er muss dann bald weiter Richtung Mannheim, wir wieder zurück nach Südtirol. Und während wir so über die Autobahn nach Süden ziehen, beginnt Lissy plötzlich fröhlich zu ihrer Musik zu singen, ein Stück nach dem anderen, einfach selig mit sich, selbst über die mühsamsten Stunden am Ende der Nacht. Wenn Ihr dann noch Frigokollegen entgegen kommen und ihr mit der Lichthupe Respekt zollen, zieht ein frohes Lächeln über ihr Gesicht, offensichtlich alles richtig gemacht! ●

Wenn in Schottland Truckshow ist, wird gründlich gefeiert und geputzt

Eine echte Fernfahrer Vagabundin und eine Fotografin mit eigenem Stil ist **KATJA GEIGER** aus der Nähe von **STUTTGART**. Ihre Firma hat ihr extra passend eine Tour ins schottische Glasgow organisiert, damit sie für dieses Buch die Truckshow bei Edinburgh besuchen und mit ihren Bildern darüber berichten kann.

Monate zuvor schon hatte sich Sprintermadl, wie die Fahrerin mit ihrem Spitznamen genannt wird, bei ihrer Disposition gemeldet, mit dem Wunsch, genau zu dem Wochenende dieses schottischen Truckfestes in Richtung Edinburgh disponiert zu werden. Auf die Britischen Inseln

Bei den Schotten scheint es auch sehr viele Scania Freunde zu geben, auf der Truckshow versammeln sich feinste Maschinen.

kommt sie in ihrem Berufsleben oft, soweit hoch eher selten. Dabei gehören Touren nach Schottland für sie zum Feinsten, sie liebt es, entweder die A1 am Meer entlang Richtung Norden oder manchmal sogar die kurvige Alternative A68 durch die bergigen Highlands zu fahren.

Diesmal ist es sogar etwas ganz Besonderes, was sie zu transportieren hat. Ihr Arbeitgeber GSG Spedition aus Bad Ditzenbach in Württemberg setzt für spezielle Ladungen auf technisch aufwändig konfigurierte Auflieger, damit lassen sich Überbreiten unter Plane fahren und sensible Frachtstücke mit zusätzlicher Technik sichern. So transportiert Katja ein Schalungsteil, das bei einem architektonisch abenteuerlichen Museumsneubau in Dundee zum Einsatz kommt. Erst dann geht es zur Truckshow.

> ***Sogar der Regen machte zu diesem wichtigen Anlass einen großen Bogen um Edinburgh, Tausende Gäste hatten Spaß.***

Der Veranstaltungsort lässt schon mal Großes hoffen: Der „Royal Highland Showground“ in Islington, einem Vorort von Edinburgh, bietet 18 000 Quadratmeter Fläche und Platz für 20 000 Besucherautos. Man wird nicht von Ordnern aufgestellt und eingewiesen, sondern jeder sucht sich selbst einen Fleck. Für viele Firmen ist die Show auch das jährliche Sommerfest der Firma, dafür werden ganze Wagenburgen zusammengestellt. Katja kommt nach einer etwas ziellosen Runde über das Gelände durch die Einladung der Kollegen des Spediteurs Alex Anderson zu einem guten Standplatz.

Schon seit der Mitte der Woche sind die ersten Lastwagen erschienen, und nun zeigen die angereisten Teilnehmer, dass sie eine ganz besondere Angewohnheit haben. Sicher, jeder macht seinen Lkw schön für ein Fest. Aber was die Fahrer hier an Putzaufwand betreiben, ist schon extrem. Teilweise wird die Nacht oder das ganze Wochenende gereinigt und poliert, selbst das Chassis von unten und jeder entlegenste Winkel der Kabine. Ist doch egal, ob man nur Bier trinkt und Spaß hat oder dabei gleich noch ein gutes Werk für die eigene Maschine tut.

Der ganze Rahmen der Veranstaltung ist schon ziemlich kommerziell, Katja ist mit Waschen und Auflieger auf dem Gelände absatteln gleich mal rund 80 Euro los. Und auch die unzähligen Familien, die die Truckshow als Ausflugsziel gewählt haben, bezahlen für Eintritt und Parken 50 Euro. Es spricht für das Ansehen des Straßentransports in Schottland, wenn die Truckshow über 400 teilnehmenden Lastwagen samt Besatzungen und vielen tausenden Gästen ihr Eintrittsgeld wert ist.

Dafür wird aber auch reichlich Unterhaltung geboten: Ein kompletter Rummelplatz, Trialbike-Vorführungen und Monstertrucks im Schlamm erfreuen kleine und große Besucher. Und es gibt einen Stargast, Lisa Kelly aus der Serie „Ice Road Trucker“, eine tolle Kollegin, die Weiblichkeit und Stärke als Truckerin vereint und dafür von unglaublich vielen Fans verehrt wird. Abends machen Rockbands in einem riesigen Zelt Stimmung. Und natürlich geht es bei der nach eigenem Bekunden größten Truckshow Schottlands auch um Prämierungen und Pokale. Netterweise schicken die Gewinner bei der Siegerehrung oft ihre Kinder auf die Bühne vor, um die Pokale entgegenzunehmen.

Katja aber nutzt den Sonntag, um ihr Fotoarchiv mit erlesenen Lastwagen anzureichern. Wie so oft, trägt ein überdurchschnittlicher Teil der Edelmaschinen den schwedischen Greif im Markenzeichen. Aber auch die farbenfrohe Veredelung anderer Marken, wilde Amischlepper und herrlich traditionelle Britenlaster liefern ihr reichlich Motive. Auf ihre ganz spezielle Art bearbeitet sie die oft noch, eine schöne Beschäftigung für Feierabende im Lastwagen. ●

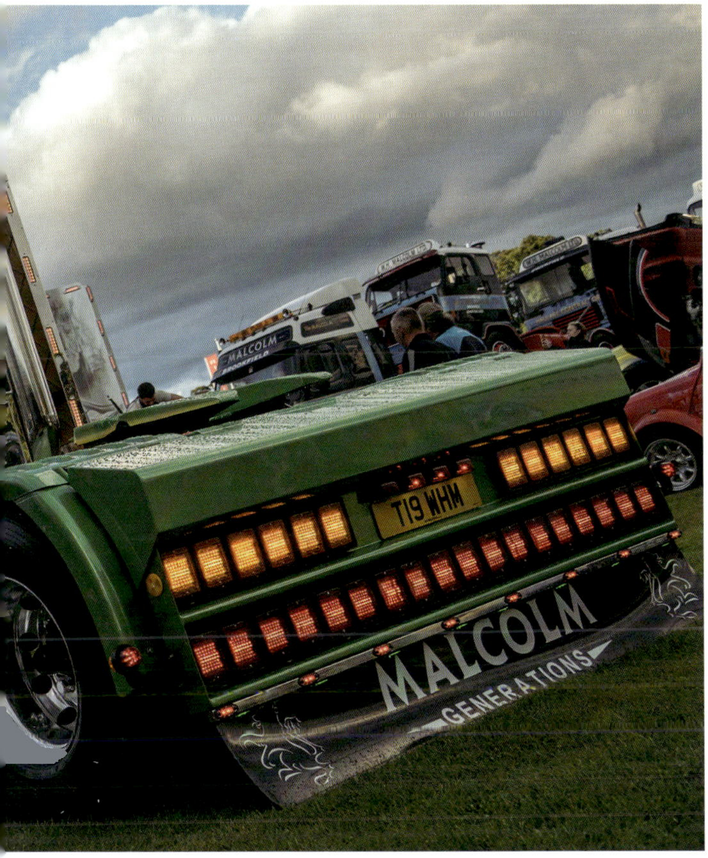
T19 WHM
MALCOLM
GENERATIONS

DALMAC

BOOM
JT15 OMG
L14
LRC

Bei manchen Unternehmen dienen schöne Lastwagen als Werbeträger

Die Freude vieler Menschen am Reitsport sorgt für eigene Transportaufgaben. Firma Schildknecht aus dem Kanton Sankt Gallen hat sich darauf darauf spezialisiert. Der von **FLORIAN TSCHAN** aus **SCHÖNENBERG** gefahrene Scania, auf Mistentsorgung spezialisiert, ist dabei ein ganz feines Stück Lastwagentechnik.

Auch Rösser wollen es in ihrem Heim gemütlich und sauber haben. Aus diesem Bedürfnis ist das Unternehmen in Steinach nahe des Bodensees entstanden. Der Großteil der feinen Firmenflotte, Dreiachs-Motorwagen mit Zweiachs-Anhänger, sind dazu da, zu Ballen gepresstes Einstreu auszuliefern. Aber auch für die Entsorgung von Pferdemist gibt es ständige Aufträge, dieses Material muss zu Kompostierungsanlagen gebracht werden.

SCHILDKNECHT
INTERCOOLER
SCANIA
SCHILDKNECHT
EINSTREUHANDEL
FLO
STIHO

Die Schweizer sind so clever, fünfachsige Solofahrzeuge mit 40 Tonnen zuzulassen. Der dadurch entstehende Spielraum beim Eigengewicht lässt ungewöhnliche Konstruktionen zu. Florian, in der Firma nur kurz „Flo" genannt, fährt einen fast neuen R580, der zum Fünfachser umgebaut ist. Dabei hat der Lastwagen reichlich Hydraulik an Bord. Mit diesen Systemen werden der Ladekran mit Greifer und der Schubboden zum Entladen betrieben.

Und als wenn das noch nicht Technik genug wäre, gibt es am Heck auch noch eine untergefaltete Ladebordwand. Das macht Rundläufe möglich, bei der auf dem Hinweg noch Palettenware zugestellt wird, auf dem Rückweg dann wieder ein Misthaufen weggeschafft wird. Bei all den Standard-Lastwagen, die man heutzutage überwiegend sieht, macht es einem an Technik begeisterten Menschen Freude, so ausgeklügelten und individuellen Fahrzeugbau zu sehen.

Über Sankt Gallen geht es ins Appenzell, eine wunderbare Hügellandschaft mit saftig grünen Wiesen und Gebirge im Hintergrund. Die Straßen sind schmal, doch mit drei gelenkten Achsen bleibt der Fünfachser auch in engen Kurven erstaunlich exakt in seiner Spur. Bald ist ein Gestüt erreicht, freundlich begrüßen die Pferdepfleger den Chauffeur. Hub für Hub Mist landet im Behälter, bis zu 500 Kilogramm packt der Greifer mit jeder Aktion.

Der 24-jährige Florian schätzt seinen Job, er ist der Firma Schildknecht noch aus Kindheitszeiten verbunden. Sicher ginge diese Arbeit auch mit einem kleineren Motor, aber es ist schon faszinierend, wie der V8 selbst hohe Gewichte mit einer verblüffenden Leichtigkeit bewegt. Allerdings wird der Lastwagen hier in seinem Einsatzgebiet im Voralpenraum mit steileren Straßen und unzähligen Kreisverkehren auch mehr gefordert.

Zum Abladen geht es aus dem Appenzell wieder ins St. Galler Rheintal hinab. Direkt am Fluss liegt ein Kompostwerk. Um die Ladebordwand vor Verschmutzung zu schützen, hängt Flo noch

Die Schildknechts hüten einen Schatz an Ersatzteilen. Der Hauber ist zur Freude, die Hydraulik des Fünfachsers zur Arbeit.

Flo sammelt den Pferdemist bei Reitställen ein und bringt ihn zu einer Kompostieranlage im schweizerischen Rheintal.

> ***Die gelbe Lastwagenflotte, ständig sehr sauber gehalten, verleiht dem Unternehmen sichtbaren Wiedererkennungswert.***

schnell eine Schutzplane darüber, dann erledigt der Schubboden in wenigen Minuten sein Werk. Nach der Rückkehr zum Firmenhof muss noch gründlich gewaschen werden, der stets saubere Auftritt gehört zum Firmenimage.

Manuel Schildknecht zeigt mir dann einen besonderen Schatz, zumindest ist es einer aus Sicht der Scania Freunde. Denn er und seine Familie waren diejenigen, die die komplette 70er / 80er Jahre Werkstatteinrichtung samt einer unglaublichen Menge an Originalteilen von den Erben des leider viel zu früh verstorbenen Hansheiri Schmid übernommen haben. Die Liebe zur Marke zeigt sich aber auch in einem erlesenen Dreiachshauber der Baureihe 164, der nach wechselvoller Vergangenheit hier zu einer königlichen Schönheit werden durfte.

Manuel Schildknecht war immer von alten Scania Vabis fasziniert, mit dem 71er von 1954 hat er sich einen restauriert.

Das neueste Pferd im Scania Stall ist ein Scania L 71. Schon zu seiner Lehrzeit als Mechaniker hatte Manuel Schildknecht von den legendären Lastwagen mit dem Vabis im Namen gehört, doch nie einen gesehen. Doch ein freundlicher Niederländer aus Nijmegen, selbst Sammler alter Lastwagen, konnte ihnen 2002 einen L71 des Baujahrs 1954 besorgen, der früher für eine belgische Brauerei gelaufen war. Doch es bedurfte noch Jahre der Arbeit, bis der alte Scania wieder in perfektem Zustand ist. Dabei half der frühere Scaniamechaniker Hubert, der schon zu den Zeiten solcher Fahrzeuge für die Scania Traditionswerkstatt Schumont in Rüthi gearbeitet hat. ●

SCHILDKNECHT
SCHILDKNECHT
SCANIA VABIS
SCANIA-VABIS

Kilometer

FRC
07-1970
NORTH
WOUDENBER
G. BOUWHEER
TRANSPORTBEDRIJF
WOUDENBERG
HOLLAND

Die V8 der Generationen 0 und 1 sind legendäre Maschinen

Eine besondere Welt ist die Szene der Freunde älterer Lastwagen. Als Scania die ersten Achtzylinder präsentierte, war der Erfolg riesengroß, denn die waren von einer bislang ungekannten Kraft. **WIM LAGERWEIJ** aus **ZEGVELD** hat speziell für diese Typen ein herrliches Treffen mit Ausfahrt organisiert.

Wim Lagerweij ist Spezialist für die Computerisierung von Transportunternehmen, aber auch schon immer Lastwagenfan und stolzer Besitzer eines L141 Haubenwagens. 2012 realisierte er erstmals die Idee, mit einigen alten Achtzylindern das V8 Symbol zu formen und von oben zu fotografieren. 2016 ist daraus ein Treffen von dreißig 140er und 141er erwachsen, noch bereichert durch eine schöne Rundfahrt, die „Scania V8 Classic Tour".

Vormittags um 11 öffnen die Organisatoren die Schranke eines Platzes in Reeuwijk, einem kleineren Ort nahe Gouda. Und wie aus dem nichts tauchen immer mehr wohlklingende alte Scanias auf und formieren sich mit Hilfe der Einweiser zu V-förmiger Aufstellung. Es ist faszinierend zu sehen, wie die Liebe der Besitzer den eisernen Maschinen zu frischem Leben verhilft. Diese Typen und ihre genialen Motoren verkörpern einfach eine herrliche Epoche des Straßentransports.

Jeder der Scanias hätte eine Erwähnung verdient, jeder hat seine wechselhafte Geschichte, und jeder von ihnen hat seinen damaligen Anteil an einer blühenden Wirtschaft geleistet. Ein besonderes Prachtstück ist der Thermo-Sattelzug von Bouwheer aus Zeewolde. Der LBS 141 zieht einen erst letztes Jahr fertig restaurierten Auflieger mit zeitgenössischer Kühlmaschine. Prächtig ist auch das gleiche Modell in rot (BN-VZ-66), früher ein längerer Tankwagen in Norwegen, später gekürzt und in die Niederlande geholt, jetzt im Besitz der Gebrüdern van der Eijkel aus Rijnsburg.

„Es ist ein herrliches Donnergrollen, wenn mehrere V8 Scanias zu einem Treffen der frühen Modelle zusammen kommen.

So ziemlich das Schärfste, was es an Scania V8-Klang zu hören gibt, kommt aus den Auspuffrohren der Serie 0. Das Verbrennungsgeräusch ist der Bass, das Turbopfeifen der Hochtöner, beides vermählt sich unter Last zu einer wunderbaren Melodie. Ein herrliches Beispiel dafür ist der himmelblaue Hauber (03-26-EB), den Marco Donk gerettet hat. Der Schlepper stand auf der Lastwagenausstellung RAI in Amsterdam 1976, später schleppte er erst Milch und dann Ziegelsteine. Gleich noch ein optisch ähnliches, aber stark verkleinertes Be-

Erfreulich hoch ist die Zahl gut gepflegter 140er und 141er, die gut restauriert die Vergangenheit symbolisieren.

Johan van der Zand als Gastgeber und Wim Lagerveij als Veranstalter bedanken sich zum Schluss bei den Teilnehmern.

gleitfahrzeug auf der Sattelplatte dabei hat Kees Boot. Der große LS 141 (BL-ZN-81) war einer einer legendären Serie von 15 Sattelschleppern des dänischen Unternehmens Aalborg Cement, danach gelangte er als Landmaschine auf eine Farm in den Niederlanden, bis sein heutiger Besitzer ihn restaurierte.

Faszinierend schön wie schlicht ist der 140er in weiß (20-YD-64), ebenfalls mit herrlichem Klang. Die Maschine hat eine unbekannte Vergangenheit in Griechenland hinter sich. Die Hinterachse ist so kurz übersetzt, dass bei 70 Stundenkilometern der Motor mit 2400 U/min dreht. Arie van der Aa und Chris Braanker aus Alblasserdam haben damit auf der Tour ihre Freude. Man muss den Griechen fast dankbar sein, dass bei ihnen Maschinen und Ersatzteile überlebt haben.

Immer eine Freude ist es mir, Anton Brouwer aus Vleuten zu treffen, eigentlich Landwirt, aber auch durch und durch Scania begeistert. Er bringt

Alte Achtzylinder sind zuverlässig, auf der gesamten Ausfahrt waren keinerlei Probleme oder gar Ausfälle zu verzeichnen.

Arie van der Aa, Chris Braanker und Anton Brouwer freuen sich, wenn ihre alten Scanias mal wieder Bewegung bekommen.

Dieter L'Honneux stammt aus dem Rheinland, hat aber gute Freunde in den Niederlanden, die ihn eingeladen haben.

gleich zwei V8 mit, einem 140er und einem 141er. Der einzige Deutsche ist Dieter L'Honneux aus Kerpen, dessen 141er immer gut eingeölt ist und der bis heute noch nach keiner Restaurierung verlangt hat. Herr und Maschine sind beide standhafte Originale der urwüchsigen Art.

Nachdem auch diesmal das Luftbild von einem extra bestellten Hubsteiger erledigt ist, macht sich der Konvoi mit dem Geräusch aus 240 Zylindertöpfen auf eine gemächliche 100-Kilometer-Tour. Die Fahrfreude mit einem alten V8 auf einer malerischen Landstraße ist ein ganz besonderer Genuss. Zum Schluss sind alle zu Gast bei Johan van der Zand, großer Abschleppunternehmer und dazu Lkw-Restaurator, der den ganzen Konvoi und seine Begleiter mit Speis und Trank großzügig bewirtet. Ein wunderbarer Tag für Scania Freunde! ●

Extra für dieses Motiv kam ein Hubsteiger, das umgedrehte V8-Zeichen ist ein Erkennungszeichen der Teilnehmer.

VSB kam gleich mit einer kleinen Flotte fein gepflegter 140er und 141er. Ein Gruß geht an die Kollegen vom truckstar.

Trucktuning muss nicht sein, aber es macht das Leben besser

BERTHON JÖNSSON aus **HÄSSLEHOLM** betreibt fünf Lastzüge im nordischen Fernverkehr. Das ginge auch mit dem Standard entsprechenden Fahrzeugen, doch der Unternehmer erledigt die Arbeit lieber mit ganz eigenem Stil. Seine veredelten Scanias sorgen weit über die schwedischen Grenzen für Aufsehen.

Wenn man auf einer Truckshow die schicken Maschinen betrachtet, kommen einem oft viele Gestaltungsmerkmale bekannt vor. Es ist zweifellos auch nicht verkehrt, Schönes und Bewährtes für die Veredelung eines

Lastwagens zu übernehmen. Betrachtet man aber die Edeltrucks von Berthon Jönsson, kommt man vor lauter eigenwilligen und so noch nicht gesehenen Stilelementen kaum noch aus dem Staunen heraus.

Schon der Hotrod, ein R560 Anhängerzug mit 24 Metern Länge und 60 Tonnen erlaubtem Zuggewicht, sorgte bei seiner Vorstellung 2014 für großes Aufsehen und räumte reichlich Pokale ab. Die höchste Ehre wurde ihm zuteil, als er ein Jahr später zum schönsten Lastwagen der truckstar-Truckshow im niederländischen Assen wurde. Die Idee, die Flächen zwischen den Rädern mit Abdeckungen zu schließen und darauf eine nach oben durchgehende Lackierung über die kompletten Seiten aufzubringen, macht die Kombination ziemlich einzigartig. Auch die türkisblaue Grundfarbe mit weißer Schrift und schwarz monochromen Bildern hat man so noch auf keinem Lastzug

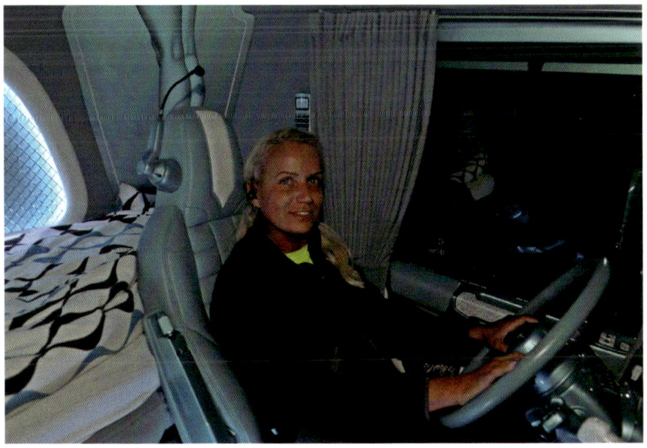

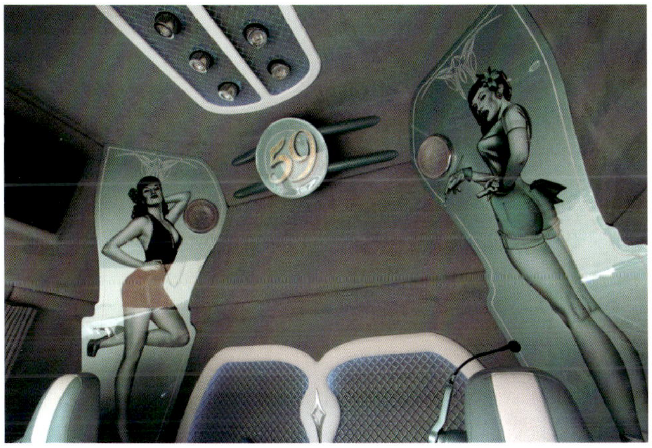

Angela fährt mit dem Hotrod nordische Ferntransporte, ihr Arbeitsplatz ist von ganz besonderer Eleganz.

> ***Berthons Fahrer und er selbst arbeiten so fleißig wie viele andere, doch sie haben dank ihrer Edelmaschinen viel Spaß.***

geschen. Speziell skandinavisch sind Faltwände über die komplette linke Seite, ein äußerst praktisches und schnell zu bedienendes Extra, das Ladearbeiten mit Stapler enorm vereinfacht. Faszinierend individuell ist auch der dem Außendesign angepasste Innenraum der Kabine, mit pinup-ladies im Stil der 50er Jahre.

Obwohl es in Schweden nicht gerade wenige Truckveredler gibt, scheint die Verfeinerung von Lastwagen derzeit in den Niederlanden eine besondere Blütezeit zu erleben. Nicht nur Berthon

Jönsson, sondern auch mehrere andere schwedische Supertruck Besitzer bringen ihre Traummaschinen zum Umbauen in das doch ein gutes Stück entfernte Land. Das farbliche Design des Hotrod stammt von den Airbrushkünstlern Marcel und Willeke Timmer aus Schijndel, die Inneneinrichtung von Special Interior aus Dronten.

2016 brachte Berthon den nächsten wildschönen Scania auf die Straße, diesmal ein dreiachsiger Sattelschlepper R580 6×2. Wieder wurde das Projekt, das wegen seines Aufwandes sechs Monate Bauzeit benötigte, in den Niederlanden verwirklicht, wieder mit den schon erwähnten Spezialisten. Zudem bekam die Kabine bei van Winkoop in Emelo eine Verlängerung des Innenraums verpasst.

Doch der „Vikings“, so der Projektname, ging in seiner Außergewöhnlichkeit noch ein Stück weiter, was man an vielerlei verrückten Ideen wie dem LED-Flutlicht im Rammschutz, der angespitzten Sonnenblende oder der prächtigen Heckverkleidung bewundern kann. Die stammen vom Trucktuner Steve's Place aus Noordwijkerhout, der mit seiner Vergangenheit als Verfeinerer von Amicars frische Ideen in den Bau von Supermaschinen bringt.

Natürlich gibt es viele Transporteure, die solch außergewöhnliche Fahrzeuge nicht gerade schätzen und als zu verrückt empfinden. Doch wenn man sieht, wie enorm der Vikings auf niederländischen und schwedischen Truckshows die Besucher zu faszinieren vermag, kann verstehen, dass es solche Prachtstücke geben soll, um damit junge Menschen für den Straßentransport zu begeistern.

Berthon ist Transporteur und Verpackungslieferant, weswegen er seine Flotte auch zur Steigerung des Bekanntheitsgrades nutzt. Trotzdem müssen die Schönheiten zwischen ihren Showauftritten auch Geld verdienen. Mit dem Hotrod ist Angela Soltun Larsson als Fahrerin unterwegs, weit hoch bis nach Mittelschweden gehen ihre Touren.

Der Viking wurde in der Annahme als Sattelschlepper beschafft, dass es in Schweden in absehbarer Zeit eine Erlaubnis für Lastzüge mit zwei großen Sattelaufliegern geben dürfte. Paul Ljunggren ist der glückliche Fahrer, dem der Edelschlepper anvertraut wurde. Und wer die fröhliche Truppe um Berthon bei einem Festival erlebt, kann auch verstehen, dass Supertrucks das Leben einfach besser machen... ●

Der Vikings trägt so viele faszinierende Stilmerkmale, dass man bei genauer Betrachtung immer neue Feinheiten entdeckt.

Die Robustheit älterer Scanias beweist sich in Griechenland

NIKOS KATERINIS ist ein großer Fan der Marke Scania. Auch er würde gerne ein neueres Modell der Marke fahren. Aber in Griechenland ist das Leben härter und das Kapital knapper als anderswo. So haben die griechischen Scania Freunde den Werterhalt älterer Maschinen zu ihrem persönlichen Kult gemacht.

Schon bevor ich ihn sehen kann, ist er schon nicht zu überhören. Der Vorteil alter V8 Generationen ist ihre Freiheit, ihren markanten Verbrennungsklang noch recht ungehemmt von modernen Normen durch das Auspuffrohr zu blasen. Wir treffen uns nahe Aspropirgos, einem Industriegebiet westlich vor Athen, das Standort zahlreicher Fuhrunternehmer und Servicebetriebe ist. Auch der Gewerbehof, auf dem Nikos und viele seiner Kollegen ihre Lastwagen parken, ist nur einige Straßenblöcke entfernt.

Während Nikos seinen 143er zur Waschanlage stellt, fragt mich Transporteur Makis Tsonis, ebenfalls Scania begeistert, was man an einem gut erhaltenen 141er vor der Tür erkennt, ob ich Eiskaffee möchte. Minuten später braust ein Mopedbote mit dem köstlichen Kaltgetränk auf den Hof, schöne Gastfreundschaft! Tsonis betreibt auch für Griechenland sehr moderne Scania Sattelschlepper mit Frigotrailern,

KATERINIS
Respect the old school
SCANIA
SUPER
143M
50
ΕΚΑ-6671

Nikos Katerinis hat seinen 143er fein hergerichtet, der Achtzylinder wird bei dieser Pflege mehrfacher Kilometermillionär.

die braucht er für den Alpentransit nach Norden. Inzwischen ist der 143/500 Streamline von Nikos sauber. Ihr erstes Leben hat die Zugmaschine des Baujahrs 95 bei der Spedition Kirn in Egenhausen im Schwarzwald gearbeitet. Mit der Luftfederung hebt er die Zugmaschine hinten an und fordert mich auf, einen Blick darunter zu werfen. Was ich sehe, lässt mich grinsen: Runde neun Meter extra Rohr sind verlegt, um den Auspuff zu verlängern und damit seinen Klang zu modellieren. Hartgesottene Scania Freunde schaffen so ihre eigene Erkennungsmelodie. Eigentlich war ein Transport geplant, doch vielen Kunden geht es wirtschaftlich nicht gut, und so besteht mancher Nachmittag aus Warten. Wir nutzen die Zeit und

Auch wenn ein Leben als selbstfahrender Transporteur in Griechenland schwierig ist, liebt Nikos seinen Job sehr.

fahren zu einer kleinen Fotoaktion in die nahen Berge. Im Slalom geht es um Schlaglöcher, der Zustand der lokalen Straßen ist übel. Die Zeiten sind hart, Diesel, Fähren und Autobahnen müssen sofort bezahlt werden, den Frachtrechnungen rennt der Unternehmer ewig hinterher. Aber mit der Freude an seinem kernigen Laster macht es Nikos trotzdem noch großen Spaß. ●

Griechenland als Fundgrube für Freunde älterer Baureihen

IN MITTELEUROPA WERDEN DIE LASTWAGEN immer schneller ausgetauscht, um den jeweils neuesten Umwelt-Standards zu genügen. Früher war zum Beispiel die Zufahrt zu den großen Containerterminals im Rotterdamer Hafen ein Schaulaufen älterer Modelle. Heute darf man dort nur noch mit einem Euro-6-Motor erscheinen.

Aber ist das auch nachhaltig, einen Lastwagen nur noch für kürzeste Einsatzzeiten zu beschaffen? Eine interessante Antwort auf diese Frage liefern die Griechen, bei denen Lastwagen Jahrzehnte hart schuften müssen. Die Kapitalschwäche des Landes zwingt das Transportgewerbe zu größter Sparsamkeit.

Daraus machen die Griechen das Beste. Fachgeschäfte für gebrauchte Ersatzteile und geniale Werkstätten wie Lepidas in Aspropirgos sorgen dafür, dass auch noch mehrfache Kilometer-Millionäre rollen. Auch die Fahrer dieser Maschinen haben dafür ihren Stolz und pflegen sie mit großer Begeisterung. Die Freude an guten Scanias kennt eben keine Grenzen!

Fährt man durch Griechenland, begegnen einem viele Fahrzeuge von Scania, die schon lange auf den Straßen arbeiten.

Werkstätten wie Lepidas in Aspropirgos beweisen große Kreativität, wie man auch ältere Fahrzeuge am Leben erhält.

SCANIA
INTERCOOLER
VOLVO

SCANIA

PROOD
Logistics Services

SCANIA

SCANIA
"Ο ΤΑΚΗΣ"

Das unglückliche Vorurteil über fleißige Wagenpflege

Lastwagen können neben ihrer beruflichen Nutzung auch zu einem schönen Hobby werden. **GREGOR ULRICH** hat Mitarbeiter und Freunde eingeladen, ihre Maschinen für ein kleines Fest am Abend im Ort herzurichten. Aber auch das gesellige Miteinander kommt an diesem Nachmittag nicht zu kurz.

Diejenigen, für die Lastwagen mehr als nur Mittel zum Zweck sind, müssen sich dafür oft noch von ihren Kollegen dumm anreden lassen. Gerade erst hat mir ein junger Deutscher, der seinen Scania bei jeder Gelegenheit reinigt und poliert, davon erzählt, wie er an einer Ladestelle Landsleute in Schweden getroffen hat. Die waren erst freundlich und scheinbar kollegial, doch als er anfing, die Wartezeit zum Putzen zu nutzen, wurden sie ihm gegenüber plötzlich ganz komisch.

Denn wenn einer einen herausragend gepflegten und mit Liebe veredelten Lastwagen fährt, ern-

LUPAL
SCANIA

Für die Scania Freunde und Familien ist es ein schöner Freitagnachmittag, auch wenn noch einiges an Arbeit zu tun ist.

Manch Fahrer muss sich für gründliche Wagenpflege noch dumm anreden lassen, dabei ist das doch ein schönes Hobby.

tet er dafür oft nicht nur Anerkennung, sondern auch Neid und Missgunst. Klar gibt es auch unter den Supertruckfahrern einige arrogante Menschen, aber die gibt es doch ziemlich in jeder Gesellschaftsschicht. Aber ist es nicht eher zu begrüßen, wenn ein Mensch Freude an seinem Job hat und das auch zeigt?

Die Kritiker sollten vielleicht etwas toleranter sein gegenüber ihren Kollegen, denen ein gewöhnlicher Lkw nun mal nicht reicht. Solche Menschen sind zum Beispiel Gregor Ulrich, Sören Hartung und Nils Waldau, die sich an diesem Freitagnachmittag in Arensdorf in Sachsen-Anhalt getroffen haben. Ein kleines Truckerfest steht bevor, ein Grund mehr, die drei Scanias auf Hochglanz zu bringen.

Alle drei arbeiten alltäglich wie jeder andere Kraftfahrer auch, aber sie tun es mit Liebe zu ihrem Lastwagen. Jede einzelne Maschine ist ein nach den Fantasien ihrer Lenker entstandenes Unikat, kein eher anonymes Leasinggerät, sondern

ein Prachtstück der besonderen Art. Gregor ist der Junior der „Palettis“, wie der von seinem Vater gegründete Palettenhandel salopp von manchen Fahrern bezeichnet wird.

Sein Anhängerzug mit einem zweiachsigen Pritschenwagen plus Tridemanhänger trägt eine kunstvolle Lackierung des Cottbusser Airbrushers Markus Niedergesäß, die modernen Grafikelemente in gold, grün und schwarz bringen die gelbe Grundfarbe noch mehr zum Leuchten. Innen ist die Kabine vom niederländischen Unternehmen „Special Interior Truckstofferingen“ aus Dronten mit Sitzgruppe und Hochbett raffiniert umgebaut und mit Leder ausgeschlagen.

Während Gregor mehr die Kunden in Sachsen-Anhalt bedient, ist Sören im selben Unterneh-

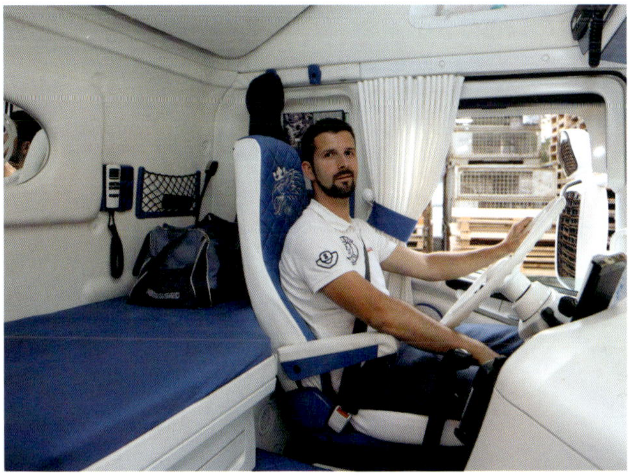

men für Abnehmer in Mecklenburg-Vorpommern zuständig. Der von ihm gefahrene R730 Dreiachser ist außen mit bordeauxroten Elementen geschmückt, dieses Farbenspiel findet sich auch in der mit edlen Stoffen tapezierten Fernverkehrskabine wieder. Einige Kollegen kennen Sören noch vor langer Zeit als minderjährigen Truckfan, der mit Begeisterung schöne Lastwagenfotos auf Festivals in Europa gemacht hat. Was lag näher, als

Nils, Sören und Gregor schätzen ihren Beruf sehr, deswegen haben sie sogar die Kabine mit feinen Materialien veredelt.

Die Besucher des kleinen Truckfestes in Arensdorf freuen sich über die Parade außergewöhnlicher Lastwagen.

diese Freude zum Beruf zu machen. Nils Waldau aus dem sächsischen Döbeln ist Mitarbeiter in der Firma seiner Tante. Auch für ihn ist sein Lastwagen die Erfüllung eines Traums, seine Farben sind weiß und blau. Die Seiten des Fahrerhauses sind mit riesigen Greifköpfen geschmückt. Als Anerkennung seiner Mühe nutzt ein mittelständisches Unternehmen, das sich auf den Bau von Fahrzeugkabinen spezialisiert hat, den Sattelauflieger als Werbemedium.

Der Freitagnachmittag zeigt, dass die Pflege der Lastwagen nicht zulasten von Freundin und Familie stattfinden muss. Gregors Partnerin Victoria samt der Tochter Mayla sowie Nils' Partnerin Mandy mit der Tochter Katy sind dazu gekommen, und zwischen der Arbeit wird erst mal mit weiteren Kollegen und Freunden Kaffee und Kuchen genossen. So haben alle ihren Spaß und genießen mit einem gewissen Stolz, abends mit ihren prächtigen Maschinen erst auf eine Fotorunde und dann auf das Festgelände zu fahren. ●

WALDAU-TRANS
INTERCOOLER
SCANIA
R500
FG SW 501

LUPAL
SCANIA
KÖT GU 214
STIHOL
STIHOL
SCANIA

SCHWERTRANSPORTE
KING OF THE ROAD
SCANIA
SCANIA
146
V8
SHA 06411

Wie fährt man stilgerecht zum Vorarlberger Lastwagenfest?

Ein Koloss von Maschine und ein Denkmal für die Robustheit früheren Lastwagenbaus ist der 146er, der als Kranwagen in Dänemark eingesetzt war und danach von Freunden der Marke vor dem Verfall gerettet wurde. Ich durfte damit einen Ausflug zum Fest der **FAMILIE VÖGEL** in **BLUDESCH** in Vorarlberg unternehmen.

Das Ländle, wie die Vorarlberger ihre Heimat nennen, ist ein schöner Landstrich mit vielen feinen Menschen. So war die Neugier groß auf ein so noch nicht dagewesenes Lastwagentreffen, zu dem die Transporteursfamilie Vögel an ihrem Firmensitz im Sommer 2015 eingeladen hatte. Meine Freunde, die Familie Schneider aus dem württembergischen Gammesfeld, waren so freundlich, mir ihren von mir sehr geschätzten 146er für diese Reise auszuleihen.

Der Vierachser hat lange Jahre bei einem dänischen Kranunternehmen gearbeitet, die Spur

des Aufbaus aber verliert sich im Dunkeln. Doch der Scania selbst konnte vor dem Export oder der Schrottpresse gerettet werden. Bauunternehmer Christof Schneider kaufte den Oldie vor langer Zeit und gönnte ihm einen trockenen Platz. Das dankt der Sattelschlepper mit einer absoluten Treue, obwohl vollkommen unrestauriert, läuft er auf seinen seltenen Ausfahrten wie das sprichwörtliche Uhrwerk.

Der Vierachser hat ein so kurz übersetztes Getriebe, dass man fühlt, damit die steilsten Wege mit schwerer Last hinauf kommen zu können. Aber auf der Autobahn muss man ihn echt mit höchsten Drehzahlen treten, um mit dem heutigen Schwerverkehr mitschwimmen zu können. Deswegen kommt besser nur eine Route über Landstraßen infrage. Und da auch die österreichische Autobahnmaut mit Euro 0 und vier Achsen einen

dreistelligen Eurobetrag fressen möchte, wird die Reiseroute kurzum über Oberstaufen im Allgäu und das Große Walsertal gelegt.

Für den schweren Vierachser ist das nach Jahrzehnten des Fahrens in flachem Land die erste schwere Alpenprüfung, doch trotz seines steifen Fahrwerks meistert der alte Hauber diese Herausforderung mit lässiger Leichtigkeit. Arne Schwing folgt mir mit seinem schweren Kranwagen Typ 142, gemeinsam erschrecken wir, mit unseren eisernen Dickschiffen donnernd aus einem Tunnel kommend, ein Rudel entgegenkommender Edelsportwagen.

In der Welt des europäischen Straßentransports ist Firma Vögel aus Bludesch schon eine bekannte Größe, mit mehreren hundert Lastzügen,

Es ist ein großes Vergnügen, mit einer alten Maschine durch die Berge zu einem außerordentlichen Truckfest zu fahren.

vielen Subunternehmern und Touren von Norwegen bis Sizilien. Doch im Gegensatz zu den meisten Logistikern handelt es sich noch um einen klassischen Familienbetrieb, in dem neben dem Patriarchen Herwig Vögel viele weitere Verwandte mitarbeiten. Und allen gemeinsam ist eine gewisse Liebe zu Lastwagen.

Die haben sie 2015 erstmals mit einer öffentlichen „Ländle Truckshow" zelebriert, am 23. September 2017 ist schon die Wiederholung geplant. Das Fest selbst ist wirklich einmalig: Jedem Teilnehmer wird außerordentliche Gastfreundschaft zuteil, mit Erinnerungsgeschenken und hervorragender Verpflegung. In der Nacht von Samstag zu Sonntag wird den fröhlich Feiernden sogar plötzlich noch ein riesiges Käsebuffet in den Raum geschoben.

Hervorragend ist auch die gesamte Stimmung und die unerwartet große Zahl der Besucher. Nachmittags streift eine abenteuerlich verkleidete „Guggenmusik"-Kapelle über den Platz, abends

Am späteren Abend im Dunkeln hat man noch einen anderen Blick auf die Schönheit der ausgestellten Lastwagen.

Familie Vögel beeindruckt die Teilnehmer mit einer herausragenden Gastfreundschaft und guter Stimmung.

heizt eine Stimmungsband den vielen Gästen ein. Hochgradig schön sind die aufgereihten Supertrucks und daneben die altgedienten Veteranen, die dieser Einladung teils mit vielen hundert Kilometern Anreise gefolgt sind.

Am Sonntagmittag drehe ich wieder den Zündschlüssel, willig verfällt der V8 in sonores Leerlaufballern. Das Fest war das eine Vergnügen, die Heimfahrt mit dem herrlich urigen Lastwagen ist das nächste. Jeder Gasstoß ruft Klänge hervor, die für einen Scania Freund von symphonischer Schönheit sind. Wieder geht der schwere Schlepper mit Leichtigkeit über die kurvigen Passstraßen, und in den Tunnels gibt es etwas extra Schub zur Freude des Gehörs. Bei allem Respekt vor der Moderne, aber zu den Zeiten dieses Lastwagens hatte das Fahren damit auch seine ganz besonderen Reize. ●

La Familia
SCANIA
SUPER
R 620
KU TM 620

Ab und zu ein wenig Training kann niemals schaden

Es ist wie im Leistungssport, selbst wenn man seine Sache gut beherrscht, bringen einen die Ratschläge eines Trainers noch ein Stück weiter in der optimalen Ausnutzung der eigenen Fähigkeiten. Diesen Service bietet auch Scania den Kunden an, **STEFFEN PFAFFENBERGER** aus **PRESSECK** hat das ausprobiert.

Die Hersteller von Lastwagen arbeiten mit Hochdruck an der Verbesserung der Kraftstoffeffizienz. Doch wo vor Jahrzehnten zum Beispiel einzelne Fortschritte wie die Erfindung des Dachspoilers den Dieselverbrauch gleich drastisch verminderten, muss heute jeder Zehntelliter Diesel weniger mit großem technischem Aufwand erkämpft werden. Doch es gibt noch einen Faktor, mit dem man dabei viel erreichen kann, und der heißt Mensch.

Der Trainer braucht nur wenige Momente, um seine Werkzeuge zur Analyse mit dem Bordsystem zu verbinden.

Oft diskutiert wird der Sinn von starken Achtzylindermotoren. Dazu Holger Maier, der Leiter der Scania Fahrer Akademie in Koblenz: „Die Leistungsreserven eines V8 sollten dem Fahrer ein souveränes und gelassenes Fahrgefühl vermitteln. Eine Charakteristik, die schon um unteren Drehzahlbereich das volle Drehmoment entfaltet und so wirtschaftlich ist.“

Auch wenn man wie Steffen Pfaffenberger aus dem oberfränkischen Presseck ein vernünftig fahrender Kollege ist, lassen sich die eigene Fahrweise und das Wissen über die technischen Spezialitäten des Lastwagens immer noch ein Stück weiter verbessern. Fahrertrainer Viktor Merklinger ist nach Nordbayern gekommen, um mit Steffen und seinem R620 zwei gleiche Runden zu fahren, die erste

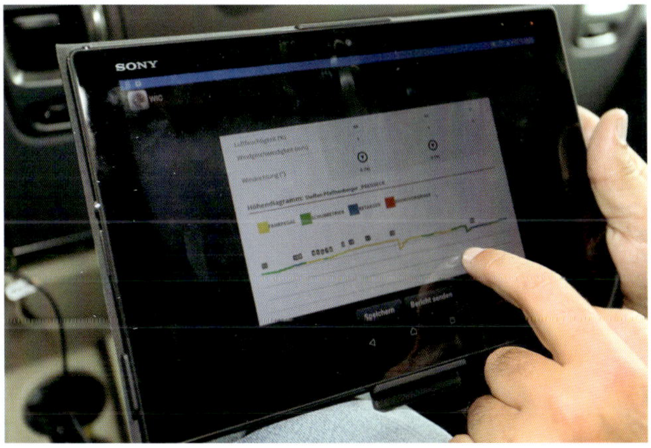

Jeder Schaltvorgang und jede Drehzahl werden erfasst und hinterher im Gespräch gemeinsam ausgewertet.

nach dem Gefühl des Fahrers, die zweite nach den Anweisungen des Fahrtrainers.

Steffen lenkt für seinen Arbeitgeber Töpfer aus Rugendorf, ein Transportunternehmen mit insgesamt vier Scanias, einen Schubbodensattel im Fernverkehr, der mit rund 22 Tonnen Holzhackschnitzeln gefüllt ist, gute 37 Tonnen gesamt. Damit drehen wir die große Runde von Presseck erst über kleine Kreisstraßen nach Schwarzenbach am Wald, von da ab auf der B173 und B303 in Richtung Stadtsteinach, bis ein Kilometer langer Anstieg wieder hinauf zu Steffens Heimatort führt.

Steffen und Viktor sprechen bei der ersten Fahrt über die Technik, und der Trainer gibt ein paar Bedientipps, die selbst viele routinierte Fahrer oft

Der Trainer hilft dem Fahrer, die Assistenzsysteme des Lastwagens zu verstehen und für sich nutzbar zu machen.

nicht kennen. So legt zum Beispiel das Opticruise Getriebe einen Rangiermodus mit geschlossener Kupplung ein, wenn man den kleinen Gangwahlhebel in den Stellungen Vorwärts oder Rückwärts etwas länger als zwei Sekunden gedrückt hält.

Auch nicht jedem Fahrer ist geläufig, dass man im Winter das Kühlwasser schneller auf Temperatur bringt, wenn man auf den ersten Kilometern den Retarder auf Stufe eins mitlaufen lässt. Gut zu wissen ist, dass das Gebläse in P-Stellung selbsttätig die Kabine durchlüftet und bei kurzen Pausen nachheizt. Und wie hält man die Luftfederung hoch, wenn man das Fahrzeug verlässt? Viktor: „Man muss das Niveau mit eingeschalteter Zündung einstellen, dann den Schlüssel abziehen und die Höhe nochmal per Pfeiltaste am Steuergerät bestätigen, dann bleibt sie so eine Stunde so erhalten."

Ganz modern ist die neueste Technik, mit der die Trainer die Daten der Fahrzeuganzeige bildlich auf einen kleinen Computerbildschirm gespielt bekommen, so sieht Viktor auch vom Beifahrersitz aus genau, was gerade geschieht. Nun geht es auf die zweite Runde, diesmal nach seinen Tipps. Und obwohl Steffen auch auf der ersten Runde nicht mit ungezügeltem Temperament unterwegs war, ist der Unterschied deutlich messbar.

Viktor gibt die Empfehlung, unter normalen Bedingungen mit schwerer Last die Gangrei-

henfolge 2, 4, 6, 8, 9, 10, 11 und 12 hochzuschalten. Steffen hat keinen mit GPS Daten vorausschauenden Tempomat, umso wichtiger wird es, da vom Gas zu gehen, wo der Fahrer früh erkennt, dass es nach dem Überfahren einer Kuppe oder auf einen Kreisverkehr zu keinen Schub mehr braucht. Am Ende der Vergleichsfahrten hat Steffen auf der zweiten Runde dreieinhalb Liter weniger Diesel auf 100 Kilometer gebraucht, zweitens war er noch acht Stundenkilometer im Schnitt schneller. Steffen hat es was gebracht: „Ich hätte nicht gedacht, dass der Unterschied so groß ist, man lernt eben nie aus!“ ●

Wie schön, wenn man sagen kann, seinen Traum zu leben

Was macht man als junger Mann, wenn man Diesel im Blut hat, aber den Lastwagenverkehr in Mitteleuropa nicht mehr als verlockend empfindet? **HENNING KOTHE** hat sich aus dieser Situation einen Traum erfüllt und ist als Kraftfahrer in die schwedische Stadt **BORLÄNGE** übergesiedelt.

Das erste Mal habe ich Henning Kothe noch als führerscheinlosen Jüngling auf dem kultigen Truckfestival von Lopik in Holland getroffen, vor fast einem Jahrzehnt. Schon damals war der junge Hamburger begeistert für schwere und schöne Lastwagen. Das liegt ihm wohl im Blut, der Opa und sein Vater sind in die Ferne gefahren, Henning war in den Ferien viel mit ihnen unterwegs. Deswegen war auch sein Berufswunsch klar, doch zuerst verlangten die Eltern eine solide Berufsausbildung.

THERMO VIKING
MaserFrakt
SCANIA
SUPER
500
EOU 379

Also wurde er zunächst Werkzeugmacher, dann aber machte er mit Erspartem schnell selbst den teuren Lastwagen-Führerschein. Eine Weile zog er Trailer zwischen Travemünde und den Niederlanden, dann widmete er sich einer anspruchsvolleren Aufgabe, nämlich nationale und internationale Teilladungstransporte mit einem Wechselbrückenzug. Der wurde sogar von einem V8 Scania befeuert, trotzdem fühlte Henning während des ersten Jahres, dass der Stress, der Egoismus und vieles andere auf mitteleuropäischen Straßen nicht die wahre Erfüllung seiner Dieselträume war.

Bei dem erwähnten Lopikfest hatte er damals schon freundschaftliche Bande zu Fernfahrern aus dem schwedischen Borlänge geknüpft, der Ort liegt zweieinhalb Autostunden nordwestlich von Stockholm. Während sein Vater den Job hinter dem Lenkrad mit einem in der Lkw-Werkstatt getauscht hatte, war Henning schon während seiner Urlaube als Lehrling viel mit den neuen Freunden im Fernverkehr unterwegs. Das war dem jungen Mann sogar die Mühe wert, schwedisch zu lernen.

Ist man in unserer Gesellschaft jung und hat das Diesel-Fernweh, steht man vor einem Dilemma. Man wünscht sich ständig in die Zeiten zurück, von denen die älteren Kollegen mit leuchtenden Augen berichten. Und sieht in der Gegenwart eine viel zu hohe Verkehrsdichte, erschreckende Unkollegialität und wachsende Ablehnung der Bevölkerung gegenüber dem Straßengüterverkehr. Und wenn man dann noch erlebt, wie erbärmlich Fernfahrer an vielen Ladestellen bei uns behandelt werden, könnte man schon die Lust verlieren.

Also fasste Henning sich ein Herz und wanderte, obwohl er ein Familienmensch ist, runde 1000 Kilometer weiter in den hohen Norden aus. Hier heuerte er bei T.E Frakt an, einem kleinen Transportunternehmen, das viel für den Logistiker MaserFrakt arbeitet. Das Hauptgeschäft ist die Belieferung einer Lebensmittel-Filialkette mit Rollwagen, vom Riesen Supermarkt bis zum verschlafenen Dorfladen im tiefsten Hinterland. Die

Henning hat seinen R500 mit klassischen Stilmitteln wie dem weißen Lenkrad oder dem Dachträger verschönert.

einzelnen Anlaufstellen liegen oft weit auseinander, fast jeden Tag fährt Henning 500 bis 800 Kilometer.

Der Gründer und Chef von T.E Frakt, Tomas Eriksson, hat sich bei dem auch hier herrschenden

Dank eines raffinierten Systems von Hubplattformen kann der Auflieger bis zu 106 Lebensmittel-Rollwagen bewegen.

Fahrermangel sehr über den neuen, motivierten Mitarbeiter gefreut. Am Tag vor dem Treffen ist die Abdeckung der Kühlmaschine in der Waschanlage zerbrochen, abends bauen die Beiden schnell noch das neue Teil an. Für diesen Auflieger kann man auch nicht jeden Fahrer gebrauchen, denn es ist

Auf den Straßen der dünn besiedelten Provinz Nordvärmland ist man oft für Minuten ganz allein unterwegs.

ein raffiniertes Fahrzeug, dank 4,5 Meter erlaubter Höhe ein Volumenwunder. Und dank zweier elektrohydraulischer Hubplattformen und Hubdach lassen sich bis zu 106 Rollwagen mit einem Auflieger und 48 Tonnen erlaubtem Zuggewicht bewegen.

In den Filialen arbeiten meist gestandene Frauen, die sich über den freundlichen Besuch und die frische Ware freuen. Als Dankeschön wird ihm oft Kaffee und leckerer Kuchen angeboten. Er sagt: „Hier fühle ich noch einen Respekt als Fahrer, weil die Menschen in dem dünn besiedelten Land genau verstehen, welche Bedeutung Lastwagen für ihre Grundversorgung haben."

Sein Scania ist ein früher Vertreter der Generation R, etwas über zehn Jahre alt, zuletzt war er als Wechselfahrzeug für Springer auch etwas herunter gekommen. Doch dann tauchte im April Henning auf, und mit seiner Lastwagenbegeisterung und seinem technischen Geschick hauchte er dem Sattelschlepper mit Zwillingsbogie nach einer kompletten Grundreinigung frisches Leben ein.

Henning hatte die vollen Autobahnen in Mitteleuropa satt, hier erlebt er das Fahren noch in seiner schönsten Form.

Die Kabine hat er mit dänischem Plüsch ausgeschlagen, den Sitz optimiert und ein historisches Scania Lenkrad montiert. Passend zum alten Stil ist auch der Dachgepäckträger mit kleiner Seitenleiter und eine wuchtige Heckstoßstange. Extra als Halterung für Schläuche, Kabel und Ketten hat er einen fein geschmückten Stahlrahmen hinter die Kabine gesetzt. Und Leuchtkasten, LED-Schmuck, starkes Fernlicht, Michelin-Männchen und mehrere Flutlichter zum Rückwärtsfahren setzen den Schlepper im Dunkeln in Szene, ohne das die Polizei daraus hier ein lächerliches Drama macht. Doch noch lange sind seine Verschönerungsideen nicht zu Ende. „Am Anfang war das noch zur Probe, aber die Entscheidung ist gefallen, ich werde bleiben. Auch hier wird wirklich hart gearbeitet, aber der Umgang ist

MaserFrakt
SCANIA

Fritte

MaserFrakt

Bei den Freunden und Kollegen in Borlänge sind alte Scanias sehr beliebt, sie werden gerne als Reserve genutzt.

freundlicher, es wird öfter Danke gesagt. Und da die Leute in meiner neuen Heimat Nordvärmland sehen, dass ich mich mit ihrer Sprache hier anpasse, fühle ich mich auch bestens akzeptiert. Jetzt muss ich mal sehen, wie der Winter wird", sagt er lächelnd, und gibt mit seinem V8 Gas... ●

Das Beliefern von Märkten ist auch Kraftarbeit, aber Henning liebt die weiten Strecken und die freundlichen Leute.

Dieser Kraftheber gehört zur Klasse des Superschwergewichts

Wenn **WOLFGANG SAMMER-SMETANA** aus **LIENZ** auftaucht, gehen schwerste Gewichte in die Luft. Denn sein Scania trägt einen superstarken Kran von Palfinger. Mit dieser Kombination kann er spezielle Aufträge leisten, zu denen oft nicht nur Lasthübe, sondern auch damit verbundene Transporte gehören.

Eigentlich war Wolfgang Sammer-Smetana einmal leidenschaftlicher Fernfahrer, der seine Touren in die Mittelmeerländer von Portugal bis Griechenland geliebt hat. Doch als der digitale Tachograf und die neuen, oft sinnlos starren Lenkzeitgesetze sowie eine Flut von billiger Konkurrenz ihm diese Arbeit verleideten, nahm der gelernte Tischler ein Jobangebot im Freileitungsbau

EL LOCO
KRAN und TRANS
Sammer-Smetana
EL PATRÒN
SCANIA
G 509 PA

an. Und als in dieser Firma der Kranwagenfahrer in Pension ging, stieg Wolfgang in seine Fußstapfen.

Als er 2013 einen Arbeitsunfall hatte, nutzte er den anschließenden Krankenstand dazu, für die Unternehmerprüfung als Transportdienstleister zu lernen. Die und der davor zu absolvierende Kurs waren nicht ganz einfach, was daran deutlich wird, dass nur gut die Hälfte der 30 Teilnehmer bestanden. Damit war der Weg in die Selbstständigkeit offen, und der erste Schritt führte zu Scania.

Der R520 ist ein Meisterstück des Fahrzeugbaus, der extreme Kranhübe und damit verbundene Transporte leistet.

> ***Dachdecker und Zimmerleute, aber auch andere Kunden wie Energieversorger, nutzen diese Dienstleistung.***

Im Januar 2015 bestellte er einen R520, so ziemlich in der fettesten Version, die es in Österreich zu kaufen gibt. Es ist ein Vierachser mit zwei angetriebenen Achsen, letztere in der schweren Version mit Außenplanetengetrieben. Dazu kommt eine Fernverkehrskabine in der Highline Version, die innen mit Ledersitzen und großem Monitor für Navi und Bordkameras aufgewertet ist. Die Schlafkabine hätte es nicht zwingend gebraucht, doch bei sehr abgelegenen Einsatzorten ist man froh darum.

Für Wolfgang war es nicht nur von vorne herein klar, dass es ein Scania werden musste. Auch seine Entscheidung für Palfinger war schon zuvor getroffen. Hinter das Fahrerhaus wurde das Modell PK 78002 SH auf den Rahmen gesetzt. Der Hersteller nennt eine maximale Hubkraft von 21 Tonnen und eine mechanische Reichweite von 31 Metern. Mit einem aufsetzbaren Mast lässt sich dieser Wert noch um vier Meter steigern. Am Kranarm sitzt eine zusätzliche Winde, mit der Hubstücke in ihrer Bewegung noch verdreht werden können.

Der Scania ist aber auch ein Schaustück für anspruchsvollen Fahrzeugbau. So lässt sich der Vierachser dank der abnehmbaren Pritsche wahlweise als Sattelschlepper oder Anhängerzugmaschine einsetzen. Raffiniert ist auch die Aufteilung der Räume zwischen und hinter den Achsen, fast jeder Kubikdezimeter ist mit Zubehörhalterungen, Hydraulikstützen und Staukästen genutzt. Die Liebe zum Lastwagen zeigt sich in schönen Details wie der gediegenen Sonnenblende oder den gelaserten Scaniawappen in der Frontblende der vorderen Hydraulikstütze.

Seine Frau Eva-Maria kümmert sich um das Firmenbüro, aber auch das feine Design mit der gedeckten Metallicfarbe und einigen hellen Akzentstreifen stammt von ihr. Zu den reinen Kranaufträgen kommen auch solche, wo Zulauftransporte zu Einsatzorten zu leisten sind, wahlweise mit einem älteren Zweiachs-Anhänger oder mit einem neuen Zweiachsauflieger mit eigener Hydrauliklenkung.

Hügelig und malerisch ist die Landschaft zwischen Graz und dem Dreiländereck Österreich – Ungarn – Slowenien. Morgens um halb sieben kommt Wolfgang einen steilen Wirtschaftsweg hinauf gefahren, mit den 26 Tonnen Eigengewicht hat der V8 leichtes Spiel. Erst das letzte Steilstück zur Baustelle eines Bienenstalls wird wegen des losen Untergrunds schwierig. Dafür entfaltet der Fahrer den Kran und legt ihn dann als Ballast hinten auf die Pritsche.

Mit Schwung und zwei getriebenen Achsen kommt er gut hoch. Schwieriger wird es mit dem Sattelzug, der die Dachelemente anliefert. Doch der Auftraggeber hat klugerweise einen Forstschlepper gerufen, der sein Eisenschild am Heck als Anker in den Boden stemmt und den Sattelzug mit seiner schweren Winde das letzte Stück hinaufzieht. Nun können die Zimmerleute und Dachdecker loslegen, während Wolfgang, stilvoll mit Helm in Wagenfarbe, ihnen neues Material am Kranhaken zufliegen lässt. ●

Der schwere Palfinger Bordkran hat bei großflächigen Baustellen den unschätzbaren Vorteil großer Reichweiten.

Dass auch Sechszylinder einen herzhaften Klang haben, beweist der 76er, als wir abends mit ihm zu einer Fotofahrt in die Kölner Industriehäfen aufbrechen. 275 PS holt der Motor, mit damals noch ziemlich revolutionärer Turbotechnik, aus den elf Litern Hubraum, und akustisch dürfen alle daran teilhaben. Heutzutage empfindet man solche Spitzenleistungen als kümmerlich. Doch 1963, als der 76er vorgestellt wurde, war das im Wettbewerbsvergleich eine eher überdurchschnittliche Kraft. Tino ist ein Kind der frühen 60er Jahre, seine Eltern handelten und trans-

Der Typ 76 ist der Vorfahre aller Frontlenker von Scania

TINO DERSTROFF betreibt mit seinem Bruder Toni in **PULHEIM** ein sympathisches Transportunternehmen, für die Beiden sind Lastwagen aber mehr als nur Mittel zum Zweck. Aus Freude an Scania Lastwagen haben sie schon eine kleine, aber feine Sammlung, darunter einen 76er, den Frontlenkertypen der 60er Jahre.

portierten damals mit Kipper-Lastwagen Baustoffe und Kohlen, er wuchs zwischen den schweren Maschinen auf. Anfang der 80er Jahre kam der erste Scania auf den Hof, ein 112er Intercooler, der den beiden Junioren gleich besonders gefiel. 1997 ging der letzte Kipper weg, weil dieses Gewerbe zu unergiebig geworden war, nach und nach hatte sich die Firma schon auf Transportleistungen mit Fernverkehrs-Lastzügen umgestellt.

Zwischen all den großen Logistikkonzernen, die ihr Geschäft mit emotionsloser Routine er-

Tino Derstroff liebt kleine Ausfahrten mit alten Scanias als Ausgleich zum Alltag in seinem Speditionsbüro.

ledigen und in deren Systemen Fahrer sich oft nur noch wie Nummern fühlen, strahlt der Derstroff'sche Betrieb noch eine gewisse Wärme aus. „Wir brauchen keine GPS-Überwachung, unsere Fahrer melden sich selbst, wenn sie einen neuen Auftrag brauchen. Den restlichen Ablauf organisieren sie selbst, und bei meinen Leuten klappt das bestens“, beschreibt Tino die Firmenkultur.

Zu der gehören eben auch ein paar ebenso alte wie feine Scanias, die schön trocken in einem Hallenteil stehen und vor dem Export oder dem Schrottplatz gerettet wurden. Ein schmaler 140er Kipper aus der Schweiz, ein schwarzer T143-Sattelschlepper und weitere ältere Fahrgestelle dienen der Freude der Brüder und ihrer Fahrer. Doch das Prachtstück ist der 76er, Baujahr 1966, mit Schmitz-Anhänger, an dem Tino und seine Verbündeten über fünf Jahre gearbeitet haben, bis der Lastzug wieder in seiner jetzigen Schönheit erstrahlte. Auf eine lustige Art lässt der 76er Denjenigen, der zum ersten Mal in ihn einsteigen will,

schlecht aussehen. Denn Stufen vor dem Vorderrad gab es noch nicht, stattdessen einen kleinen Blechkranz, der als Aufstiegshilfe über die Nabe geschraubt ist. Hat man sich dazu nicht vorher die passende Technik zum Erklettern des Fahrersitzes in der richtigen Reihenfolge der Fußbewegungen zurecht gelegt, wirkt das auf Zuschauer ziemlich ungeschickt.

Stand der Technik war ein mechanisch gefederter Schwingsitz. Herrlich minimalistisch ist

Die Restaurierung dauerte lang, war aber sehr gründlich. Heute präsentiert sich der Anhängerzug in perfektem Zustand.

auch der Armaturenträger, nur die absolut notwendigen Anzeigen und Schalter verteilen sich auf seinem Blech. Beim Radio in schwarz mit elfenbeinfarbenen Drucktasten müssen die Sender per Drehknopf eingestellt werden, eine andere Quelle für Unterhaltung gab es damals im Lastwagen noch nicht.

Die Inneneinrichtung ist mehr funktional als gemütlich, und das Thema Dämmung, ob vor Kälte oder Lärm, wurde damals noch nicht für besonders bedeutsam gehalten. Ein mechanisches Gesamtkunstwerk ist die Handbremse, Tino Derstroff hat den dazu gehörigen Seilzug über 32 Umlenkpunkte neu aufgespannt. Zeitgemäß ist auch die fest am Rahmen verschraubte Kabine von BG aus Oskarshamn. Tino hat sie aufwändig zur Fernverkehrsversion verlängert. Kippkabinen kamen erst später auf.

Prächtig ist auch der Anhänger, ein zwillingsbereifter Dreiachser von Schmitz. Ebenso wie die Pritsche des Motorwagens sind die Seitenwände aus Holz, das hatte Tino als Kind bei einer Spedition in Gladbach gesehen. Die Restaurierung hat den Männern unheimlich Spaß gemacht, zuletzt wurde es im Frühjahr 2016 zeitlich nochmal etwas eng, weil Tino mit dem Scania zu Treffen in Lohne und im dänischen Silkeborg wollte. Hier bekam der schöne 38-Tonner aber seine verdiente Anerkennung. ●

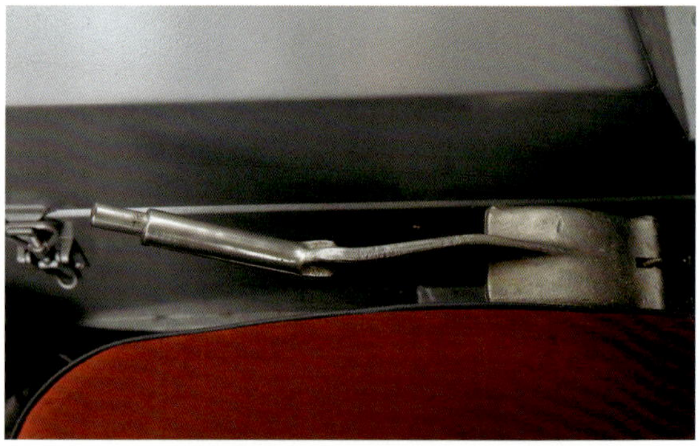

Der 76er repräsentiert eine Epoche, in der die Technik der Lastwagen noch herrlich unkompliziert gewesen ist.

Derstroff
SCANIA-VABIS

Der Stil der dänischen Fuhrleute lebt auch in der Zukunft weiter

Einen hochgradig funktionalen Lastwagen mit herrlichen Stilmerkmalen hat sich der Kraftfahrer **KENNETH ØRNSTEDT** als Konzept ausgedacht und für seinen Arbeitgeber auf die Räder gestellt. Dank der großzügigen Gewichte in Dänemark kann die siebenachsige Kombination bei 18 Metern Länge kolossale Lasten bewegen.

Fröhlich gelaunt kommt Kenneth Ørnstedt bei Scania in Odense um die Ecke. Gerade hat er seinen feinen Lastzug noch durch die Waschanlage gezogen und auf dem Hof getankt. Jetzt wartet etwas außerhalb der Stadt eine Fuhre Betonrohre auf ihre Verfrachtung. Kenneth schwingt hinter das Lenkrad und registriert zufrieden, dass

PETER FALCK
GLAMSBJERG
SCANIA
R 580
BB 23 694
GOTTWALD

der Beifahrer seine Schuhe auf der oberen Trittstufe stehen gelassen hat. Das gehört sich bei vielen dänischen Fahrern so.

Der letzte Lastzug von Kenneth, ein R500, ist genau zehn Jahre im Betrieb gelaufen, als dieser neu geliefert war, hatte er damit 2006 bei seinem Arbeitgeber Peter Falck in Glamsbjerg zu arbeiten begonnen. Pünktlich zum runden Betriebsjubiläum und mit einer kleinen Feier kam nun der neue Lastzug auf den Hof gerollt. Allerdings dauerte es runde drei Monate, bis aus einem Standard-Fahrgestell die endgültige Lastzugkombination zusammen gestellt war.

Kenneth ist nämlich ein Freund des besonderen Fahrzeugbaus, der weniger Wert auf grelle Effekte legt und lieber mit dezenten Feinheiten beeindruckt. Die Dänen waren gemeinsam mit den Niederländern die Pioniere, als in den Wirtschaftswunderzeiten der Gedanke aufkam, dass man mit etwas Farbe und Stil aus einem gewöhnlichen Nutzfahrzeug einen Sympathieträger für das eigene Unternehmen machen kann.

Das repräsentieren der R580 und sein speziell gefertigter Anhänger auf das Feinste. Eine Zweifarblackierung mit Metallic-Elementen verleiht dem Lastzug seine unverwechselbare Erscheinung. Selbst die Stahlfelgen sind zweifarbig lackiert, und schmucke Blechringe decken die Radbolzen ab. Eine Verbeugung an den klassischen dänischen Fahrzeugbau ist der Unterfahrschutz am Anhänger, die sich verjüngenden Träger entsprechen dem Stil der 60er Jahre.

Mit den Betonwerkern an der Ladestelle wechselt er ein paar nette Worte. Der Stapler hat Spezialgabeln, mit denen er mehrere Rohre heben kann, im Nu ist die Ladung auf den Pritschen. Danach geht es über schmale Landstraßen über die Dörfer zu einem Wohngebiet, wo gerade eine Straße erneuert wird. Die siebenachsige Kombination darf

Der Bordkran arbeitet mit verschiedenen Werkzeugen, mal mit dem Rohrgreifer, mal mit der Palettengabel.

Pünktlich zur zehnjährigen Betriebszugehörigkeit bekam Kenneth den Scania im Rahmen einer kleinen Feier überreicht.

54 Tonnen auf die Straße bringen, 56 werden toleriert. Trotz des wuchtigen Krans bleiben so immer noch bis zu 34 Tonnen Nutzlast.

Locker rangiert Kenneth in einem Zug 200 Meter rückwärts. Am Heck des Scanias ist ein Palfinger-Faltkran montiert, der maximal 6,1 Tonnen hebt und über 17 Meter Reichweite hat. Mit den kleinen Rohren ist der Hydraulikheber kaum gefordert, aber bei demselben Verlader gibt es auch wuchtige Stücke mit 1,2 Metern Durchmesser und fünf Tonnen Gewicht.

Anschließend geht es, wieder über kleine Straßen, zu einem Ziegelwerk, dem Hauptauftraggeber der Flotte von Falck. Jetzt wird richtig aufgelegt, doppelstöckig werden die schweren Paletten für Kopenhagen auf dem Anhänger gestapelt. Dem dänischen Stil entsprechend, sind die Fahrgestelle mit großvolumigen Staukisten bestückt, in denen sich das Zeug zur Lastsicherung und anderes Zubehör sauber verstauen lassen.

Kenneth durfte den Fahrzeugbau des Lastwagens bestimmen und verwendete viele klassische Stilelemente.

Auf der Heimfahrt darf der V8 seine Leistung voll entfalten. Eigentlich wollte Kenneth einen Handschalter, doch die Art und Weise, wie sanft Opticruise die Gänge sortiert, hat ihn vom automatisierten Getriebe überzeugt. Faszinierend ist auch der Komfort des luftgefederten Lastzugs, fast wie ein fliegender Teppich absorbiert das Fahrwerk Unebenheiten der Straße.

Zufrieden kehrt Kenneth nachmittags zu seiner netten Familie zurück, fast jede Nacht schläft er daheim. Ein schmuckes Häuschen mit Garten sowie seine Hobbies wie Lkw-Modelle bauen oder echte Volkswagen zu sammeln sind im ein schöner Ausgleich zu den oft langen Tagen im Job. Aber mit seinem persönlichen Traumlastzug gehört er zu den glücklichen Menschen, die auch morgens beim Weg zur Arbeit schon gute Laune haben. ●

Der Fahrer hat ein gutes Leben, sowohl im Beruf wie daheim mit der Familie und dem Hobby mit den Volkswagen.

Mit der Liebe zum Lastwagen der rauen Gegenwart trotzen

Kluger Fahrzeugbau sucht sich eine Nische im transeuropäischen Fernverkehr. **DANIEL STEINHAUSER** ist einer der wenigen verbliebenen Schweizer, die als selbstfahrender Transporteur noch regelmäßig nach Schweden fahren. Dazu setzt er auf einen makellosen Auftritt und raffinierte Ladetechniken.

Sonntagmorgens um 7 Uhr öffnet die Finnlines Fähre, aus Travemünde kommend, in Malmö ihr Bugportal, um eine Horde gut ausgeruhter Lastwagenfahrer auf die schwedischen Straßen zu lassen. Einer von Ihnen ist Daniel Steinhauser, der andere ein Deck tiefer Rainer Lipiec. Beide haben mit ihren schweizerischen Scanias Abladestellen weiter oben im Norden. Da es hier oben kein Wochenend-Fahrverbot gibt, ist es für viele Schwedenfahrer fast Tradition, zum Wochenende hin zu laden und dann Samstagabend auf eine Ostseefähre zu fahren.

Um trotzdem zu einer Wochenendruhezeit zu kommen, helfen altgediente Kollegen wie Reini Mörgeli als Reservisten regelmäßig beim Laden in der Schweiz. Freitagabend ist dann immer Treffen bei einem Logistiker in der Nähe von Basel. Daniel Rutschmann hat mit seinem R560 noch Ware im Nahverkehr heran geschafft, sobald die verladen war, ist der Steinhauser Daniel noch ein Stück das Rheintal nordwärts gefahren, um sauber nach Travemünde zu kommen.

Leider hat der Anteil der Kennzeichen aus der Eidgenossenschaft im internationalen Straßengüterverkehr drastisch abgenommen. Dafür sind

Lumikko
DS AKERI
SCANIA

unter anderem Wechselkursnachteile verantwortlich, vor allem aber die massive Konkurrenz aus den Billiglohnländern der EU. Doch mit einigen technischen Besonderheiten seines Lastzugs kann Daniel noch immer etwas andere Lösungen bieten als die meist mit Standardtechnik operierenden Wettbewerber.

So ist der R620, ein handgeschalteter Dreiachser mit Zwillingsbogie, mit einem isolierten Thermo-Kofferaufbau mit einer seitlichen Faltwand aufgebaut, ebenso wie der Dreiachsanhänger, beide Einheiten tragen oben vorne eine Klimamaschine zum Kühlen und Heizen. Der finnische Fahrzeugbauer Limetec ist unter anderem auf seitlich zu öffnende Isolieraufbauten spezialisiert, bei den nordischen Megazügen sogar bis über 13 Meter Länge am Stück. Seitliches Laden ist im hohen Norden weit öfter üblich als in Mitteleuropa.

Dank einer variablen Trennwand kann der Frachtraum in temperierte und nicht temperierte Zonen unterteilt werden, wobei es bei skandinavischen Transporten im Winter oft auch um das

Daniel Steinhauser ist so ziemlich der letzte Schweizer, der Linie nach Schweden fährt, er tut das mit gutem Stil.

Der Lastzug bietet mit den Faltwänden und en Kühlmaschinen große Flexibilität bei schwierigen Aufgaben.

Beheizen sensibler Güter geht. Umfangreiche Ausrüstung zur Lastsicherung und Vollluftfederung lassen auch empfindliche Frachten möglichst unbeschadet ankommen. Und dank spezieller Bereifung gehen trotz Thermoboden Innenhöhen von 2,76 bis 2,84 Meter.

Am Sonntagmorgen haben die Fernfahrer den Luxus, nicht so unter Termindruck wie an den anderen Wochentagen zu stehen. Und so huldigen sie einer selbst vor Jahren geschaffenen Tradition und treffen sich wie jedes Mal, wenn sie dann in Schweden angekommen sind, zu einem gemeinsamen Frühstück mit einigen deutschen Kollegen. Obwohl es nur ein süßes Stück und einen Kaffee am Stehtisch einer Tankstelle vor Malmö gibt, ist der regelmäßige Treff mit Sprüchen und Gesprächen doch eine sehr liebgewordene Gewohnheit.

Rainer Lipiec aus Mainwangen mit dem blauen Scania ist eigentlich eher Spezialist für regelmäßige Transporte zwischen der Schweiz und den deutschen Seehäfen, doch ab und zu packt auch ihn das besondere Fernweh, und er organisiert sich

eine Extratour in den hohen Norden. Mit dabei ist diesmal seine Chauffeurskollegin Esther Freund. Sein Lastwagen ist neun Jahre alt, der R500 erweist sich als robuster Dauerläufer. Seit 31 Jahren setzt der Transporteur durchweg auf Lastwagen von Scania.

Gemeinsam fahren die Beiden die E4 hinauf, durch lange Wälder und über herrlich leere Straßen, eine echte Erholung zum mitteleuropäischen Verkehrsgetümmel. Und weil Sonntag ist, gibt es in Klevshult nochmal einen Stopp und leckeres Mittagessen. Plötzlich redet Daniel mit schwedischen Kollegen in ihrer Sprache, aus Freude am Land und seinen Menschen hat er sie erlernt. So hält er die Tradition der Schweizer Schwedenfahrer stilvoll am Leben. ●

Daniel Rutschmann vom Nahverkehr und Seehafenspezialist Rainer Lipiec sind gute Scania Kollegen von Daniel.

Schweres Gerät erleichtert den niederländischen Baustellenverkehr

Einer der größten Anbieter für schwere Kippertransporte in den Niederlanden ist **MILLENAAR & VAN SCHAIK** aus **OUDE MEER**. Direktor **DICK MILLENAAR** nutzt dafür am liebsten Lastwagen von Scania, die die große Mehrheit im Fuhrpark stellen. Sehr effektiv sind für ihn Fünfachser mit 47 Tonnen Gesamtlast.

Die Vorfahren von Dick Millenaar haben das Transportunternehmen 1923 mit einem Ford T-Modell als Kohlentransporter gegründet, erst viel später kam die Spezialisierung auf Kippertransporte und der Zusammenschluss mit dem langjährigen Partner van Schaik, auch er mit 70-jähriger Tradition. Heute sind rund 125 Lastwagen in den gelben Firmenfarben unterwegs, die Aufträge verteilen sich über die gesamten Niederlande.

Die Flotte wird von einer modernen Dispositionszentrale gesteuert, viele Aufträge laufen in enger zeitlicher Taktung. Dafür müssen die Lastwagen sehr zuverlässig funktionieren. Deswegen und wegen der CO^2-Emmissionen wird der Fuhrpark ständig modernisiert. Die Niederländer sind so clever, schwerere Lastwagen als in Mitteleuropa zu erlauben, dank der dadurch hohen Nutzlasten werden Schüttgüter wirtschaftlicher und mit weniger Diesel und Abgas als mit Vierzigtonnern bewegt.

Schon länger laufen im Unternehmen Solofahrzeuge mit fünf Achsen und 47 Tonnen Gesamtgewicht, doch das waren von Fahrzeugbauern umgebaute Vierachser, mit denen es oft technische Probleme gab. Seit gut zwei Jahren gibt es diese Lö-

157
Sven Britt Sam Mats Bram
SCANIA
G 410
31-BDX-4

sung von Scania auch direkt ab Werk, diese Fünfachser funktionieren jetzt zuverlässig. Eine solche Maschine lenkt Martin van Rheenen, nun schon 32 Jahre als Fahrer bei Millenaar beschäftigt.

Nördlich von Rotterdam wird ein Straßenzug saniert, hier belädt sich Martin mit einem bereit stehenden Bagger selbst. Dank des relativ leichten G410 Fahrgestells bleibt noch eine beträchtliche Nutzlast von 29 Tonnen. Mit drei gelenkten Achsen geht das nun wirklich schwere Fuhrwerk geschmeidig um die Kurven. Raffiniert sind die Abdeckungen der Ladefläche, die sich auf Knopfdruck wie zwei Flügel auffalten und sich von außen an die Seitenwände legen. Durch den Beneluxtunnel und über die Botlegbrücke geht es zu einer Deponie. Das, was dieser Kipper an einem Tag als Solofahrzeug wegschafft, würde in den deutschsprachigen Ländern nicht mal ein großer Lastzug leisten können. ●

Dick Millenaar und Fahrer Martin van Rheenen schätzen die Technik schwerer Fünfachser im täglichen Kippertransport.

Ein Transporteur mit Straßenlastern geht mal ins Gelände

MARIO MÜLLER AUS BURSCHEID ist ein feiner Kollege, der früher mit Frigos und Scanias wildeste Fernfahrten unternahm, bis er vor einigen Jahren selbstfahrender Unternehmer wurde. Daraus ist mittlerweile ein Transportunternehmen mit zehn Lastwagen geworden. 2005 war Mario zudem noch der Gewinner der deutschen „Young European Truck Driver"-Fahrerwettbewerbs. Dank einer Präsentation von Baustellen-Lastwagen, zu der Scania in den Lahn-Dill-Kreis eingeladen hatte, konnte Mario nun Offroad-Erfahrungen sammeln.

„Das ist wirklich faszinierend, wie leicht das geht. Früher musste man einen schweren Kipper förmlich mit Drehzahl über weiche Böden und steile Pisten hinauf prügeln. Und wenn der Schwingsitz auf und ab federte, gab der Fahrer dadurch ungewollte Gasstöße. Heute justiert man die Drehzahl mit dem Tempomatschalter am Lenkrad und lässt den Motor bei knapp 1000 Umdrehungen kräftig ziehen, das ist einfach ein schönes und stressfreies Fahren!", beschreibt er seine Erfahrung.

Transporteur Mario Müller ist Straßenlaster gewöhnt und staunt, wie leicht sich die Baufahrzeuge durchwühlen.

SCANIA
6
G450
BM DC 450
MEILLER-KIPPER

Mit einem blue stream macht das Sizilien fahren Vergnügen

CHRISTIAN TRABASS aus **WAGNA** ist Disponent bei einem Pflanzenlogistiker. Aber nebenbei hat er auch einen Scania samt Thermoauflieger, der mit einem festen Fahrer besetzt ist. Gelegentlich bekommt der frei, dann sucht sich der Transporteur selbst eine Tour nach Sizilien, als Abwechslung zu seinem Job.

Sizilien ist bis heute ein widersprüchlicher Flecken Erde, mal rauh, schmutzig und verschreckend, mal wunderschön und verzaubernd. Wer bereit ist, über manche Dinge wie den liederlichen Umgang mit der Natur oder den anarchistischen Straßenverkehr hinweg zu sehen, erlebt wunderbar herzliche Menschen, große Hilfsbereit-

STREAM
FRC
11-2019

Die Gastfreundschaft und Hilfsbereitschaft der Sizilianer ist für den Transportunternehmer immer wieder faszinierend.

schaft und wahrhaftige Gastfreundschaft. Manche wollen nach dem ersten Besuch nicht unbedingt wiederkommen, andere aber immer wieder.

Zu letzteren gehört der Steiermärker Christian Trabaß. Eigentlich gibt es wenig Frachten in den tiefen Süden Italiens, doch gutes Brennholz und Pellets erfreuen sich in dem Land, in dem Heizungen eine eher untergeordnete Rolle spielen, als

Mit dem Sondermodell blue stream hat Christian Trabaß einen schmucken Lastwagen, dessen Farbe prächtig leuchtet.

Wärmequelle großer Beliebtheit. Da es hochwärts immer Ladungen von Früchten und Gemüse gibt, wenn nicht von Sizilien, dann von Kalabrien, lassen sich so gute Rundläufe organisieren.

Am Sonntag morgen ist er mit der Fähre von Neapel nach Catania angekommen, der Rest des Tages wird für einen Spaziergang durch die faszinierend lebendige Altstadt rund um den Hafen und abends für einen köstlichen Restaurantbesuch genutzt. Am nächsten Morgen geht es zu den Brüdern Mazzone, die lange in Deutschland gelebt haben und jetzt in Adrano am Fuß des Vulkans Ätna einen Handel mit Holzprodukten verschiedener Art betreiben. Nebenbei ernten und pressen die Beiden noch ein perfektes, naturtrübes Olivenöl, nur in geringen Mengen für Freunde feinsten Kochens. Es gibt für die Gäste starken Espresso und leckere

Der Verkehr in den engen Ortschaften ist teilweise chaotisch, aber das ist hier für niemand ein Grund zum Aufregen.

Brote, die beiden Sizilianer freuen sich, mal wieder deutsch zu sprechen. Anschließend wartet noch eine weitere Fuhre Brennholz auf das Abladen, jetzt aber viel weiter hinein auf die Mittelmeerinsel. Über den etwas chaotischen Stadtring geht es landeinwärts, erst über die Autobahn nach Caltanissetta, dann über Landstraße Richtung Agrigent, bis die SS189 Richtung Palermo abzweigt.

Der letzte Kunde liegt oben in den Bergen, in Casteltermini, die Fahrt die Serpentinen hinauf durch die prachtvolle Landschaft ist ein Erlebnis für sich. Zumal, wenn man sie in einem modernen Scania V8 erledigen darf, dessen äußere Gestaltung als Sondermodell von Meister Svempas entworfen wurde. Das tiefgründige Metallicblau kommt in der prallen Sonne eines sizilianischen Nachmittags jedenfalls herrlich leuchtend zur Geltung.

Christian Trabaß hat sich 2013 als Frächter selbstständig gemacht, die ersten zwei Jahre mit einem R420. Ein fest angestellter Fahrer erledigt damit überwiegend innerösterreichische Frischdiensttouren. Als es um eine Verbesserung ging, verkuckte sich der Scania Freund auf der IAA 2014 in den blue stream, im September 2015 bekam er das Sondermodell Nummer 49 von 100 ausgeliefert. Es ist ein R580 mit feiner Ausstattung und vielen feinen Extras.

Oben im Ort angekommen, holt uns der Kunde mit seinem Personenwagen ab und lotst uns zu

sich, durch eine Einbahnstraße, die wir nachher verbotenerweise in Gegenrichtung durchfahren müssen. Es gibt keine Alternative, aber auch niemand, der sich über den falsch fahrenden Lastzug aufregt. Nun aber muss erst einmal ein Stapler aufgetrieben werden, die Wartezeit wird mit einer Einladung in die beste Kaffeebar des Ortes überbrückt.

Nachdem plötzlich dann doch Helfer aufgetaucht sind, geht das Abladen schnell. Offensichtlich gibt es in Sizilien gerade wenig Fracht über die Alpen, das fahren die Einheimischen dann lieber selbst. Stattdessen kommt ein Auftrag, Clementinen in Kalabrien für Wien zu laden, also geht es gleich wieder zügig nach Messina, um von dort auf das Festland überzusetzen. Im Dunkeln fährt Christian den Berg hinab und durch malerische Orte, eine wirklich originelle Art, als Fernfahrer so Urlaub vom Bürostress zu machen!

Nach über 20 Jahren Arbeit wirkt dieser 143er topfit

HARM BERGS aus **YSSELSTEIN** handelt mit Schrott und ist ein großer Freund von Scania Lastwagen. Deswegen macht er es sich zum Vergnügen, neben seiner modernen Flotte auch noch einen urtümlichen 143/450 einzusetzen. Der Vierachser ist ein Unikat, das es so niemals ab Werk zu kaufen gab.

Als ganz schweres Gerät kommt der Hakenabsetzer von Harm Bergs aus Ysselstein daher, der mit Schrott handelt und dafür vier schwere 50-Tonnen-Kombinationen im nationalen und internationalen Fernverkehr einsetzt. Zwei davon sind Scania R620, alles Dreiachs-Motorwagen mit Dreiachs-Anhänger und voluminösen Stahlmulden zum Absetzen. Süddeutschland und Nordfrankreich sind häufige Ziele. Etwas ruhiger hat es der alte Scania im Fuhrpark, aber wenn es mal um

HARM BERGS
LOTTUM
SCANIA
BB-ZX-14
SCANIA
SCANIA

SUPER

SCANIA

SCANIA

Der 143er ist dafür da, um schweres Metall zu transportieren, doch trotz dieses harten Einsatzes ist der Vierachser topfit.

> ***Den Vierachser fährt der Chef selbst, für ihn ist das Wachstum seiner Firma mit der Leistung seiner Lastwagen verbunden.***

einen Großauftrag geht, der schnell erledigt werden muss, darf auch er noch trotz Euro null viele Kilometer über die deutsche Autobahn machen.

Der 143/450 ist einerseits der letzte Vertreter der alten Gattung mit mechanischer Dieseleinspritzung, andererseits markiert sein modernes Fahrerhaus in der windschnittigen Version „Streamline“ den ersten Schritt von Scania hin zu Kabinen mit möglichst geringem Luftwiderstand. Und als bei den meisten Lastwagen der Arbeitsplatz noch eine ziemlich triste Angelegenheit war, erfreute der Dreier seine Fahrer schon mit einem ihnen cockpitartig zugewandten Armaturenträger.

Weit weniger als heutzutage konnte der schwedische Hersteller aber außergewöhnliche Konfigurationen liefern. An einen Vierachser ab Werk war nicht zu denken, die zweite Lenkachse wurde diesem Lastwagen nachträglich von Fahrzeugbauer Estepe an den Rahmen montiert. Viele Jahre schleppte der Scania so jeweils zwei 20-Fuß-Seecontainer, bis er nach knapp zwei Millionen Kilometern ausgemustert wurde.

Harm Bergs kaufte das Fahrwerk und ersetzte den Containerrahmen durch einen hydraulischen Hakenabsetzer. Das Chassis bekam eine Restaurierung, die Kabine eine heimelige Inneneinrichtung in blauem Dänenplüsch und der Anstriebstrang einige neue Verschleißteile. Seit vier Jahren arbeitet er nun bei seinem neuen Besitzer und hat noch kein Zeichen von besonderer Schwäche gezeigt. Der Motor wurde niemals für mehr Leistung aufgedreht und hört sich so an, als wolle er noch zwei weitere Millionen Kilometer laufen.

Harm öffnet eine Halle, wo noch ein gepflegter 143/450 als Zweiachser und ein 142er als Dreiachser stehen, die Liebe zu Lastwagen von Scania geht weit über das Arbeitsmittel hinaus. „Schon als kleiner Junge bin ich bei meinem Vater im Fernverkehr mit einem Scania V8 mitgefahren, das hat mich damals unglaublich fasziniert. Später bin ich selbst lange im Fernverkehr gefahren, bis ich mich vor sieben Jahren selbstständig gemacht habe. Und jetzt geht diese Geschichte mit meinen Scanias weiter."

Die Streamline-Kabine mit dem schwedischen Rammschutz verleiht dem 143er ein charakteristisches Aussehen.

Am Nachmittag startet er den Vierachser, der geschützt in einer Halle steht, und nimmt damit draußen einen halb beladenen Absetzcontainer auf den Haken. Mit dem Lastwagen solo unternehmen wir eine kleine Fahrt zu einem Altmetallhändler in der Nähe, über kleinere Landstraßen geht es dorthin. Man beginnt zu verstehen, warum ein Dreier, besonders einer mit V8-Motor, einfach Vergnügen bereitet.

Den damaligen Konstrukteuren dieser Serie ist einfach ein ziemlich perfekter Arbeitsplatz gelungen. Man sitzt mit viel weniger Raum um sich herum als man heutzutage hat, aber irgendwie ist es trotzdem sehr gemütlich. Mit dem Innenraumdesign ist eine besondere Behaglichkeit verbunden, und die kleineren Glasflächen lassen die Kabine wie eine kleine, aber sichere Burg wirken. Herrlich ist auch der Klang, die Zündfolge der Zylinder macht den V8 unverkennbar.

Bei der Abladestelle schiebt Harm den dicken Vierachser rückwärts durch Metallhäufen und gestapelte Stahlstücke, mit angehobener Bogieachse und doppelter Lenkung ist der schwere Lastwagen dabei überraschend gut zu rangieren. Nachdem die Papiere erledigt sind, geht es über herrliche Alleen wieder gemütlich heimwärts. Mit so einer Maschine freut man sich nicht nur auf den Feierabend, sondern auch auf den nächsten Arbeitstag. ●

HARM BERGS
LOTTUM
SCANIA

HARM BERGS
LOTTUM
SCANIA

HARM BERGS
Topline
SCANIA
SUPER
143M
450
Patrick v.d. Hoeven
Woerden - Holland
SOLD
SCANIA
BZ-53-BF
142M

Warum Truckshows in Schweden ein besonderes Erlebnis sind

Betrachtet man das dünn besiedelte Flächenland Schweden, fällt auf, dass die Eisenbahnen hauptsächlich Massengüter verfrachten. Die Lastwagen aber erledigen fast sämtliche anderen Transporte. Dementsprechend stolz sind viele Fahrer auf ihren Job und zeigen mit Freude ihre prächtigen Laster.

Wer je das Vergnügen hatte, eine große schwedische Truckshow zu besuchen, kann nur staunen, wie viele Besucher dabei ihren alltäglichen Versorgern die Anerkennung geben, die sie verdienen. Tausende kommen teils von weit her, um sich so ein schönes Wochenenderlebnis zu verschaffen. Kult ist schon immer die jährliche Nordic Trophy, die aber schon bald

FLEX
Kasing
SHOWEXPRESS - AMERICA - HOLLAND
SCANIA
SUPER
Scania
R560 V8 6x2
SCANIA
SUPER
460
144L
05-BFZ-5
STIHOLT
STIHOLT

mehr eine internationale als eine schwedische Veranstaltung geworden ist.

Parallel dazu bilden sich neue Schwerpunkte. Die letzten Jahre war das Strängnäs Truckmeet westlich von Stockholm recht erfolgreich geworden, 2016 gab es leider keine Fortsetzung. Dafür blüht eine Veranstaltung in der südschwedischen Provinz auf, die Skane Truck Show. Der Veranstaltungsort Ljungbyhed ist von den großen Fährhäfen je mehr oder weniger eine Fahrstunde entfernt. Und ein ehemaliger Militärflugplatz liefert für eine Masse von Lastwagen und Besuchern die perfekte Fläche.

2007 hatte die kleine Truppe um Hakan Roupé eine erste kleine Show nahe Helsingborg aufgezogen. In Ljungbyhed fand sie nun schon zum fünften Mal statt. In den ersten Jahren waren es nur ein paar dutzend Lastwagen, 2015 waren es schon

Die Veranstalter der Skane Truck Show freuen sich über den Erfolg, 2016 waren über 470 Lastwagen dorthin gekommen.

Es ist faszinierend, welche Vielfalt und welcher gute Geschmack bei den schwedischen Lastern zu sehen sind.

270, 2016 stieg die Zahl der ausgestellten Fahrzeuge nochmal um 200. Und auch die rund 6000 Besucher, die für ein Wochenendticket samt Parken immerhin 30 Euro und für einen Tagesbesuch 20 Euro ausgaben, sind eine beträchtliche Zahl.

Als Rahmenprogramm gab es Tractorpulling, im landwirtschaftlich geprägten Südschweden sehr beliebt. Der ausgestellte Scania der neuen Generation wurde von zahlreichen Fahrern und Fans gründlich einer ersten Betrachtung mit Probesitzen unterzogen. Daneben gab es noch Wettbewerbe der superstarken Männer und eine kleine Messe, in der der Handel für seine Produkte und Dienstleister wie Abschlepper um Auftraggeber warben. Die eigentliche Attraktion aber war die unglaubliche Vielzahl schöner und funktionaler Lastwagen. Im Straßentransport haben die Schweden einfach einen guten Stil!. ●

Wie Eurolink auf der Truck Show auf sich aufmerksam macht

SYMPATHIEWERBUNG FÜR DAS EIGENE UNTERNEHMEN und für ein feines Projekt in den sozialen Medien betreibt Fernfahrer Paul Schafstädt aus Wismar. Dabei unterstützt ihn sein Arbeitgeber Roy Hansson aus Ljungbyhed, indem er Paul ermöglicht, seinen Dreiachser besonders aufwändig zu veredeln. Der schwedische Logistiker hat ein feines Unternehmen mit rund 70 Lastzügen.

Herausragend ist aber auch sein respektvoller Umgang mit seinen Chauffeuren. Die feiern ihren Zusammenhalt auf der Truck Show, der Chef nutzt sie, um Fahrernachwuchs anzusprechen. Unter solch erfreulichen Bedingungen hat Paul mit Freunden neben seinem Job als internationaler Fernfahrer noch ein herrliches Projekt im Internet entwickelt.

„Trucker halten zusammen", kurz THZ, vereint rund 12 000 Fahrer und Fahrerinnen zu einer facebook Gruppe des sozialen und hilfsbereiten Miteinanders. Außerdem werden auf verschiedene Arten Spendengelder gesammelt, die in Hilfsprojekte für Fahrer in Not investiert werden.

Firmenpatron Roy Hansson und Paul Schafstädt nutzen die Skane Truck Show zur Werbung in eigener Angelegenheit.

EUROLINK
SCANIA
R450
XGB 475
SCANIA BILER
SCANIA BILER

EUROLINK

EUROLINK

1

Scania Galerie

2

1 Ein prächtiger Sattelzug überquert die Große-Belt-Brücke.

2 Tof Klein besucht mit seinem 141er Schweizer Freunde.

3 Der niederländische Haubenwagen sieht noch wie neu aus.

4 Mit gelenktem Auflieger schafft der Sattelzug enge Kurven.

5 Eine feine Kombination blauer Farben zeigt dieser Scania.

6 Bruno Valcarenghi ist für eigenwillige Lackbilder bekannt.

VALCARENGHI
La Passione
SCANIA
R730
6

7

SCANIA
VABIS
8

Quality Liner
9

SCANIA
10

11

12

13

7 Dieser feine Sechzigtonner wird von einer Kollegin gelenkt.

8 Die Ladung sieht klein aus, ist aber außerordentlich schwer.

9 Ein starkes Profil hat der 143er Streamline mit drei Achsen.

10 Ein solcher Edelhauber sieht auch noch im Regen gut aus.

11 Der 141 stammt aus Italien, jetzt ist er im Allgäu gelandet.

12 Mit feinen Scanias fährt diese finnische Firma in Schweden.

13 Mömax nutzt den schönen Truck sogar zur Firmenwerbung.

14 Der Farbstil der Dänen macht die Firmen unverwechselbar.

14

15

16

17

18

15 Bei den Nutzlasten solcher Züge kann man neidisch werden.

16 Lars Klemmensen hat den 143er noch immer im Festeinsatz.

17 Selbst die Baustellenkipper sind in Schweden verschönert.

18 Der Vierachser erledigt in Island auch Schwertransporte.

19 Bei den Schwedenzügen sind 60 Tonnen Gewicht erlaubt.

20 Der Allradler schleppt da ab, wo andere nicht hinkommen.

21 Hokan zeigt, dass auch ein Scania im Amistil gut aussieht.

22 Immer wieder drückt der Greif die Freude an Scania aus.

GDL
GDL

19

SCANIA

20

STENA STÅL
SCANIA
SUPER

21

ransporte
500

22

Vi kører med
DANMARK'S FREMTID

23

24

25

26

23 Dieser Container ist eine Partybude für Studentenfeiern.

24 Der finnische Dreiachser zieht die E4 in Schweden hinauf.

25 Schön original und unverschnörkelt steht dieser 142er da.

26 Der Dreiachser mit Kran arbeitet jetzt im Wasserkraftbau.

27 Pepe ist auf dem einsamen Weg weit hoch zu den Lofoten.

28 Ein wenig Farbakzente machen den Zug unverwechselbar.

29 Der Lastzug von Palms hat echten nordischen Charakter.

30 PWT aus Belgien huldigt immer wieder dem Stil der Dänen.

31 Ein Prachtstück der 80er Jahre ist der 142er mit Bogieachse.

32 Dieses dicke Stück Lastwagen ist für Schausteller im Einsatz.

33 Die monobereiften Allrad-Schlepper sind selten zu sehen.

34 Ein Flugfeldtanker wird zu seinem neuen Einsatz gebracht.

35 Ernst Auhuber hat sich seinen Wunschlastzug erschaffen.

SCHRAMM
THERMOLINE
SCANIA

27

SCANIA

28

PALMS
TRELLEBORG
SCANIA

29

SCANIA
SUPER

30

SCANIA
SUPER
142H
SCANIA
SCANIA

31

36 Die Stebners mit ihrem 141er lieben dänischen Lackierstil.

37 Spedition Kirn hat einen schönen Pritschenwagen behalten.

38 Der Dreiachser von Trans Rivage ist sehr elegant lackiert.

39 Schweden ist vernünftig und toleriert Zusatzausstattungen.

40 Die Adriaautobahn hinauf fährt dieser V8 im italian style.

41 Patrik transportiert Tiere in seinem gepflegten Lastzug.

42 Der Hauber hat Kraft wie ein Bulle, geht aber nicht schnell.

43 Die Schweden sind mit Fahrzeugbeleuchtung toleranter.

44 Der 76er von Georg Rünzi hat den Charakter der 60er Jahre.

45 Schwedische Transporteure verschönern oft ihre Lastwagen.

46 Firma Nordbergs hat mehrere seltene Scanias restauriert.

32

33

34

35

36

37

38

39

40

41

42

43

44

45

47 Polizisten in Mitteleuropa wären empört über soviel Licht.

48 Alten Chauffeuren sind die Zeiten des 142er unvergesslich.

49 Lasse Hansen zieht einen langen Vierachsauflieger mit Stahl.

50 Prächtig und funktional ist der Fahrmischer mit Förderband.

46

MALMBERGS
GOTLAND
SCANIA
SWM 016
Luft
tten

47

SCANIA
142 M

48

STENA STÅL
SCANIA

49

50

51

52

53

54

51 Fridu treibt den Scania mit Genuß einen kurvigen Pass hoch.

52 Noch jeden Tag hart schuften muss der urige Sattelschlepper.

53 Walter Fritz hat den Hauber wieder zu neuem Leben erweckt.

54 Mit so einem Lastzug macht die Arbeit einfach mehr Spaß.